科普图书馆

小动物的大智慧

U0381316

动物特种兵

廖春敏　主编

上海科学普及出版社

图书在版编目（CIP）数据

动物特种兵 / 廖春敏主编 .—上海：上海科学普及出版社，
2014.9（2018.4 重印）

（小动物的大智慧）

ISBN 978-7-5427-6212-2

Ⅰ . ①动… Ⅱ . ①廖… Ⅲ . ①动物—普及读物 Ⅳ . ① Q95-49

中国版本图书馆 CIP 数据核字 (2014) 第 176225 号

策　　划　胡名正
责任编辑　刘湘雯

小动物的大智慧

动物特种兵

廖春敏　主编

上海科学普及出版社出版发行

（上海中山北路832号　邮政编码 200070）

http://www.pspsh.com

各地新华书店经销　　三河市恒彩印务有限公司印刷

开本 889mm×1194mm　1/16　印张 8　字数 160 000

2014 年 9 月第 1 版　　2018 年 4 月第 2 次印刷

ISBN 978-7-5427-6212-2　　　　　定价：23.80 元

　　动物的世界是瑰丽奇妙的，每一只动物都有着自己独特的智慧。"物竞天择，弱肉强食"的自然法则在动物世界中被发挥得淋漓尽致，无论是小到肉眼无法看到的单细胞动物草履虫，还是大到如小山一般遨游于海洋的巨鲸，每一种动物从它们降临到这个世界起，就面临着许许多多难以想象的生存难题和挑战，它们要寻找食物，要生儿育女繁衍后代，要在各种竞争中争得自己的一席之地，要与形形色色的捕食者周旋，要躲避种种生存危机。于是，在险象环生的世界中，为了各自的生存，动物们各显神通，智慧发挥到极致，巧妙地应对着这些从自己一出生就面临的最残酷无情的竞争。

　　在看"动物世界"的时候，我们能发现好多动物具有一些在人类看来似乎难以理解的奇特长相和行为，其实，这些都是动物们长期适应生存环境和自然选择的结果。为了更好地给读者对动物们的怪异行为进行答疑解惑，我们挑选了数百种充满智慧且具有怪异行为和特征的动物，进行分门别类，编辑成"小动物的大智慧"丛书，从四大方面（《神奇动物装》、《生存有妙招》、《独门杀手锏》、《动物特种兵》）进行阐述。

　　本册《动物特种兵》，从动物的"特异技能"出发，讲述动物那些高出于人类的超凡能力。比如：苍蝇灵敏的嗅觉给了人类启示，发明出灵敏的气体分析仪；壳类动物启发人们设计出轻便省料的拱形建筑；水母可以预测海洋风暴；蚯蚓能给土壤松土；还有一些能帮助人们看守、送信、导盲的动物；当然也有那些让人头疼的危害人类的动物……总之，一切为了生存，神奇不断演绎。通过本书，读者可以了解到动物们更多鲜为人知的"内幕"，让人惊叹，并将读者带入更深入的思索，以解答更多的疑问和谜团。

为了给读者创造更好的阅读氛围，让读者更真实地体验到动物们生存的精彩画面，参与本书编撰出版的诸位老师：廖春敏、李坡、孙鹏、王玲玲、刘佳、陈晓东、李立飞、白海波等，在文字撰写、图片使用、版面设计上都倾注其所有心思，力求做到文字充满青春张力、图片新颖贴切、设计清丽明快。在此感谢以上各位老师为本书所做的各种工作！

最后，希望本书能够成为各位读者了解神奇动物世界的良师益友。

CONTENTS 目录

◎ 懂高科技的"技术员" ◎

◎ 灵验的自然灾害"预报员" ◎

帮助农业生产的大功臣

泄露天机的"气象员"

功不可没的"特种兵"

☯ 身手不凡的"保安员" ☯

☯ 人类的好帮手 ☯

可怕的人体疾病传播者

让人头疼的破坏者

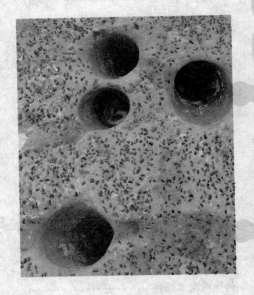

懂高科技的"技术员"

气步与化学武器

我们有个俗名叫"放屁虫"，但我们放的可不单单是臭气，而是一种有毒的化学物质。它能腐蚀猎物的皮肤，让它们疼痛难忍，失去抵抗能力。这时，我们就可以美美地享用食物了。人类受我们"放屁"过程的启发，研制了火箭和化学武器。

■ 气步的"毒气弹"

毒气弹是一种利用毒气体杀伤敌人的武器，令人很难防御。有趣的是，在昆虫中，有一种名叫气步的步行虫也会用"毒气弹"来攻击敌人、捕猎食物。

气步是一种喜欢在夜间活动的甲虫。它身披硬甲，好像是一个古代的武士。虽然它的三对步行足没有那些善于跳跃的昆虫的足那么强大，可是交替运动起来，仍然使它的爬行速度很快。要是在昆虫王国里举行竞走比赛，它是当之无愧的冠军。

气步整天忙忙碌碌地东奔西跑，在到处寻找什么呢？原来，它是在找寻可能充饥的猎物。气步是吃荤不吃素的肉食性虫，它对各种植物不屑一顾，而对黏虫、地老虎和蚯蚓却情有独钟。当它发现猎物之后，先是静观一会儿，然后上前用触角试探，随后便张开大牙猛咬。受到攻击的猎物拼死反抗，气步一时难以制伏，于是它就要用自己的杀手锏——"毒气弹"了。这时候，只见它掉转身体，对准猎物"砰"的一声从肛门里喷出一股烟雾状的气体来。那气体不但有浓烈的硫酸味，还有很强的腐蚀性，如果接触到皮肤，令人火辣奇痛。猎物受到"毒气弹"的攻击之后，周身布满了乳白色的结晶，疼痛难忍，只能不停地在地上翻滚。此时气步毫不放松，仍接二连三地对准猎物施放"毒气弹"，直到将猎物打得昏死过去才

▲气步

肯罢手。然后，气步就开始慢慢享受猎获来的这顿美餐了。

有趣的是，气步要是遇到了同类异性，它们就会友好地分吃猎物。但是同性相遇，这们就会为争夺猎物爆发一场"毒气大战"，各自用自己的"毒气弹"攻击对方，直到将一方打败逃走后为止。

■ 气步给人类的启示

气步因能从肛门放出毒气而得名，也称"放屁虫"。它们是如何放出"毒气弹"的呢？气步属于鞘翅目昆虫。在它的腹部有一个特殊的化学反应室，反应室两侧有两个腺体，分别贮存不同的物质。一个生产贮存对苯二酚，另一个内含过氧化氢，两个腺体有阀门与反应室相通。平时气步

过着平静的生活，两种物质相互隔离，十分安全。当气步遇到敌害，感觉受到威胁时，会猛烈收缩腹部，把贮存在腺体内的两种物质排入反应室里，在反应室内还有一种高效反应催化剂——过氧化氢酶。在酶的作用下，对苯二酚与过氧化氢快速氧化为有毒的醌，同时反应会放出大量的热量使醌的水溶液沸腾后以气雾状射出，发出"啪啪"的爆炸声。来犯者受到这种突如其来的打击，往往狼狈逃窜。气步的化学炮弹效率很高，可以连续4~5次重复开炮，最多可达到20次以上。

气步的化学武器给了科学家们很大启示，现代的火箭、化学武器都是根据气步的体内结构设计出来的。液态火箭的推动装置就是如此产生的，人们将液态的氢气和氧气分别贮在火箭内不同的容器中，有阀门通向燃烧室。平时将阀门关闭，不发生反应。一旦火箭点火时，阀门开启，氧气与氢气分别通过管道进入燃烧室。在剧烈的化学反应中放出大量的水和热量，水又变成高压的水蒸气从尾部喷出，巨大的推动力使火箭高速前进。化学武器所不同的是将反应室里反应所产生的有毒物质再由炸弹爆炸的冲击波散发出去。

二战期间，德国纳粹据此机理制造出了一种功率极大且性能安全可

靠的新型发动机，安装在飞航式导弹上，使之飞行速度加快，安全稳定，命中率提高，英国伦敦在受其轰炸时损失惨重。美国军事专家受气步喷射原理的启发研制出了先进的二元化武器。这种武器将两种或多种能产生毒剂的化学物质分装在两个隔开的容器中，炮弹发射后中间的分隔膜破裂，两种毒剂中间体在弹体飞行的8～10秒内混合并发生反应，在到达目标的瞬间生成致命的毒剂以杀伤敌人。它们易于生产、储存、运输，安全且不易失效。

化学武器作为一种人类相互残杀的工具是应当被禁止的，但小动物所给我们的启示并非只能制造化学武器。人类最常见的泡沫灭火器也得益于此。钢瓶里有两个容器，内瓶放入硫酸铝，外瓶存入碳酸氢钠溶液。平时正放的时候，两种药品互不接触，没有化学反应。一旦发生火灾，人们把灭火器倒转过来，碳酸氢钠与硫酸

▲ 火箭

铝相互混合，就会发生剧烈的化学反应，生成大量的二氧化碳气体，并随着压力增大喷射出大量泡沫，覆盖在燃烧的物体上，使燃烧物隔绝氧气，火焰熄灭。

苍蝇与气体分析仪

我知道我的家人们并不受人类的待见，可是，从仿生学上讲，我们也是有功之臣，为航天事业贡献了自己的微薄之力。

■ 极度灵敏的嗅觉

苍蝇的嗅觉特别灵敏，远在几千米外的气味也能嗅到。但是苍蝇并没有"鼻子"，它靠什么来嗅气味的呢？原来，苍蝇的"鼻子"——嗅觉感受器分布在头部的一对触角上。每个"鼻子"只有一个"鼻孔"与外界相通，内含上百个嗅觉神经细胞。若有气味进入"鼻孔"，这些神经立即把气味刺激转变成神经电脉冲，送往大脑。大脑根据不同气味物质所产生的神经电脉冲的不同，就可区别出不同气味的物质。

认识了苍蝇嗅觉器官的奥秘之后，科学家们得到了启发，他们利用苍蝇嗅觉灵敏、快速的特性，仿制成了十分灵敏的小型气体分析仪。这种仪器的"探头"不是金属，而是活的苍蝇。就是把非常纤细的微电极插到苍蝇的嗅觉神经上，将引导出来的神经电信号经电子线路放大后，送给分析器；分析器一经发现气味物质的信号，便能发出警报。这种仪器已经被安装在宇宙飞船的座舱里，用来检测舱内气体的成分。这种小型气体分析仪，也可测量潜水艇和矿井里的有害气体。利用这种原理，还可用来改进计算机的输入装置和有关气体色层分析仪的结构。

蛙眼与电子模型

我们的眼睛很有个性，只对动的物体感兴趣，静止的物体，对我们来说完全不存在。人们受此启发，发明了"电子蛙眼"。当"电子蛙眼"与"雷达"相互合作后，就提高了雷达的抗干扰能力，能够准确跟踪飞行中的真目标。

■ 奇特的眼睛

青蛙一双凸起的大眼睛长在头的顶部，这样，它在水中只要两个眼睛露出水面，就可以看清水面的动静，身体的其他部分潜伏在水里，有自然保护作用。更为奇特的是，青蛙有三

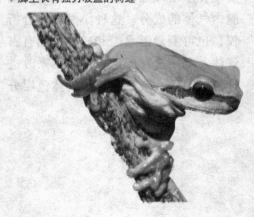

▼脚上长有强力吸盘的树蛙

个眼睑，其中一个是透明的，在水中能够保护眼睛，另外两个上下眼睑都是普通的。

蛙眼能够敏捷地发现运动着的目标，迅速判断目标的位置、运动方向和速度，并且在瞬间选择最好的攻击方式和攻击时间。静止不动的飞蛾、苍蝇在蛙眼中如同无物，但是只要它们一动，青蛙就会立即发现它们，并根据它们的飞行方向和速度，一跃而起捕食到口。难怪有些动物学家开玩笑说，青蛙是喜欢吃苍蝇的，可是，青蛙要是坐在死苍蝇堆里准会饿死。

为什么青蛙一定要等飞蛾起飞才发动攻击？仿生学家对青蛙进行了特殊的实验研究。原来，蛙眼视网膜的神经细胞分成五类，一类只对颜色起

▲这只树蛙生活在中美洲的雨林里，正从其"私家池塘"朝外张望。它的家安在一棵凤梨科植物上，这种植物具有独特的构造，很适合树蛙的生活。其鲜红的叶子可以收集雨水，并且将雨水漏到中心的凹槽中。这种存储装置可以帮助植物的生存，同时可以给树蛙一个非同凡响的树上"池塘"。

反应，另外四类只对运动目标的某个特征起反应，并能把分解出的特征信号输送到大脑视觉中枢——视顶盖。视顶盖上有四层神经细胞，第一层对运动目标的反差起反应；第二层能把目标的凸边抽取出来；第三层只看见目标的四周边缘；第四层则只管目标暗前缘的明暗变化。这四层特征就好像在四张透明纸上的图画，叠在一起就是一个完整的图像。因此，在迅速飞动的各种形状的小动物里，青蛙可立即识别出自己最喜欢吃的苍蝇和飞蛾，而对其他飞动着的东西和静止不动的景物都毫无反应。

■ 电子蛙眼

根据蛙眼的视觉原理，借助于电子技术，人们制成了多种"电子蛙眼模型"。电子蛙眼是电子眼的一种，它的前部其实就是一个摄像头，成像之后通过光缆传输到电脑设备显示和保存，它的探测范围呈扇状且能转动。

现代战争中，敌方可能发射导弹来攻击我方目标，这时我方可以发射反导弹截击对方的导弹，但敌方为了迷惑我方，又可能发射信号来扰乱我方。在战场上，敌人的飞机、坦克、舰艇发射的真假导弹都处于快速运动之中，要克敌制胜，必须及时把真假导弹区别开来。这时，将电子蛙眼和雷达相配合，就可以像蛙眼一样，提高了雷达的抗干扰能力，敏锐迅速地跟踪飞行中的真目标。

模仿蛙眼的工作原理，人们还制成了另一种"电子蛙眼图像识别机"，它可以成为机场飞行调度员的出色助手。这种装置可以监视飞机的起飞与降落，班机是否按时到达。若发现飞机将要发生碰撞，能及时发出警报，防止相撞。

鸟类与飞机

我们的老祖宗早在一亿多年以前就飞上了高空，并在亿万年的发展进化过程中，获得了许多适于飞翔的形态结构。而在2000多年前，中国民间曾流传鲁班制造过会飞的木鸟。直到20世纪初，世界上才出现了第一架真正翱翔天空的飞机。人们通过对我们飞行的深入研究，未来一定能制造出更优良的新型飞机。

■ 身体结构适合飞翔

鸟的身体外面是轻而温暖的羽毛。羽毛不仅具有保温作用，而且它全身的羽毛都向后方，使鸟的外形呈流线型，在空气中运动时受到的阻力最小，有利于飞翔。

鸟的翅膀上长有特殊排列的飞羽，当翅膀展开时，每根飞羽都略有旋转能力；翅膀前厚后薄，并且翼上面钝圆，下面平直，所以两翅不断上下扇动，就会产生巨大的上升力，使鸟快速向前飞行。鸟的尾巴与其他脊椎动物不同，尾椎完全隐藏在体内，只在尾骨上长出许多强硬的羽毛。尾在飞行时可转换方向和平衡身体，故又将尾羽称为舵羽。

鸟类骨骼坚薄而轻，长骨内充有空气，头骨所有骨片完全愈合，胸椎和腰椎、荐椎和尾椎都相互愈合，荐椎和左右腰带也愈合在一起。鸟类骨骼的这些独特结构，减轻了重量，加强了支持飞翔的能力。一只军舰鸟翼展开可达2米多长，骨骼只有100克左右。除了轻盈和坚固以外，鸟的骨骼还安排得非常精巧。在鸟类两肩上的锁骨，愈合成"V"形，可以防止飞行时左右肩带发生碰撞，在胸骨的中线处，有高高隆起的龙骨突起，可以扩大胸肌的固定面积，使飞行能力大大加强。

鸟的心脏完全分为两心耳和两心

▼鸟骨骼示意图

为了高效率地飞行，鸟类需要轻盈而紧凑的骨骼。骨骼中空（见下图，注意交错的骨质梁，这是鸟类维持力量的必要成分）和重量集中于重心附近，使这一要求得到了实现。注意图中大块的胸骨，那是大量飞行肌着生的地方。

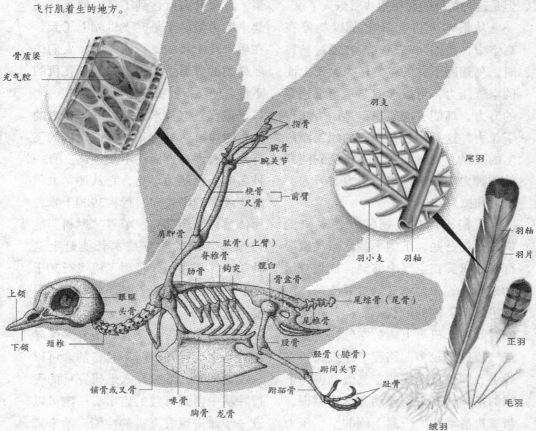

骨质梁
充气腔
指骨
腕骨
腕关节
羽支
尾羽
桡骨
尺骨
前臂
肩胛骨
肱骨（上臂）
脊椎骨
钩突
髋臼
肋骨
骨盆骨
羽小支
羽轴
羽轴
羽片
上颌
眼眶
头骨
尾综骨（尾骨）
尾椎骨
正羽
下颌
颈椎
股骨
胫骨（腓骨）
跗间关节
趾骨
毛羽
锁骨或叉骨
喙骨
胸骨
龙骨
跗跖骨
绒羽

室，这不仅使全身获得了含氧丰富的新鲜血液，而且使它们的体温恒定，利于飞翔。

鸟类没有膀胱，直肠也很短，不在体内贮存粪便和尿液，产生的尿液连同粪便随时排出体外。这也都是减轻体重，适于飞翔的结果。

从鸟的身体结构特点可看出，鸟类不仅有着发达的翅膀作为飞行器

官，同时，它体内的骨骼、消化、排泄、生殖等各器官机能的构造都有利于减轻体重、增强飞翔能力。因此，鸟能克服地心引力而展翅高飞。

■ **未来飞机的发展**

人们在研究了鸟的身体结构以后，试图模仿鸟的身体特征制造出飞行器。400多年前意大利科学家达·芬

奇根据鸟的飞行研究设计了扑翼机。试图用脚蹬的动力来扑动翅膀飞行，但是这种美好的愿望很快就破灭了。

从根本上讲，鸟之所以能停在高空中，是因为高速气流在通过鸟翼时，鸟翅膀下方的空气压力大于上面的空气压力，可以形成与鸟重量相等的升力。鸟能够向前飞，是因为获得了拉力，这是通过移动它的翅膀而产生的效果。飞机和鸟的飞行受到同样的四种力的影响，包括引力、升力、推力和拉力。

人们模仿鸟类翅膀，使飞机的机翼上侧凸些，下侧平些。当飞机滑行时，机翼在空气中移动，从相对运动来看，等于是空气沿机翼流动。由于机翼上下侧的形状不一样，在同样的时间内，机翼上侧的空气比下侧的空气流过了较多的路程（曲线长于直线），即机翼上侧的空气流动得比下侧的空气快。根据流动力学的原理，当飞机滑动时，机翼上侧的空气压力要小于下侧，这就使飞机产生了一个

向上的升力。当飞机滑行到一定速度时，采用大功率轻便发动机带动螺旋桨，这个升力就达到了足以使飞机飞起来的力量。于是，飞机就上了天。在后来几十年的飞行研究中，人们仿照鸟类的骨骼系统，不断减轻飞机的重量，使飞行的稳定性大大提高。

现代航空技术飞速发展，先进的飞机时速可达3700千米，但飞机的飞行本领有许多方面还不及飞鸟。有一种名叫金色鹬的小鸟，它从加拿大越海连续飞到南美洲，行程3900千米，而体重只减轻60克，节省"燃料"能力惊人。现代航空技术若能赶上这种效率，那么一架轻型飞机飞行30千米，只需耗用0.5升汽油，仅相当于目前用量的1/9。

鸟类的飞行，还有其他许多优异特性是现代化飞机所不具备的。可以乐观地预测，继续深入地研究鸟的飞行并从中得到有益的启示，一定可以进一步改进现有飞机的性能，给未来新型飞机的设计增添异彩。

▲大多数鸟类首先通过垂直向上跃入空中来实现起飞。然后它们利用强有力的翅膀和胸肌使自己向前推进，同时产生提升力。在飞行过程中，鸟的腿部缩起，形成符合空气动力学的高效体型，将阻力降低到最低限度。当飞行放缓时，鸟便通过扇动尾部和下垂腿部来增加阻力。在即将着陆的那一刻，鸟的翅膀扑动，使整个躯体几乎垂直翘起，就此"刹车"。

壳类生物与现代建筑

一枚鸡蛋看似简单，但其中蕴含的科学原理倒也深奥着呢。圆润的几何曲线不但看起来流畅美观，更可以承受较大的压力。所以，现代建筑设计大师受此启发，建造出了悉尼歌剧院。

■ 凸面向上，不易击破

让我们做一个小实验：取两只蛋壳，一只凸面向上，一只凹面向上，用两支削得不太尖的铅笔，从 10 厘米高处向蛋壳落去。如果单凭想象，会觉得应该是凸面向上的蛋壳被击碎，但结果表明，铅笔与凸面向上的蛋壳撞击了一下，蛋壳并未被击碎，而凹面向上的蛋壳却被击破了。这说明蛋壳凸面向上可以承受的力比凹面向上可以承受的力大得多。

人类的祖先很早就发现了蛋壳的奥秘，并据此设计了石拱桥，石拱桥是在竖直平面内以拱作为上部结构主要承重构件的桥梁。一座石拱桥里面有相当大的学问。当它受到向下的压力时，也同时受到两侧相邻石块的

侧压力作用。由于石块的抗压强度很大，所以这个力能达到很大值。若石桥凹面向上，那么，当它受到向下的压力时，邻近的石块则产生拉力，由于石块的抗拉力强度很低，所以凹面向上的石桥只能承受很小的力。这与蛋壳凸面向上不易击破，凹面向上不堪一击是同一个道理。

▲建筑设计师从鸡蛋的外壳寻找到了灵感，解决了建筑中的诸多问题。

▲悉尼歌剧院

■薄壳结构，节能环保

蛋壳是一种曲度均匀、质地轻巧的"薄壳结构"。建筑学家模仿它进行了薄壳建筑设计，这类仿生建筑以壳类生物体构成规律为研究对象，探寻自然界中科学合理的建造规律，同时结合了生物学、美学和自然界中的科学规律，追求把人类建筑的结构、功能和自然生态环境进行巧妙而科学的结合和搭配，丰富和完善了建筑的处理手法。

举世闻名的悉尼歌剧院是一个代表建筑，它的外观像是一组泊港的群帆。它是由许许多多片人字形的拱肋连在一起组成的，拱肋形成的弧面都是半径为75米的球面的一部分。那别出心裁的尖屋顶包括三组巨大的壳片，耸立在南北长186米、东西宽97米的钢筋混凝土结构的基座上。悉尼歌剧院是20世纪世界七大奇迹之一的薄壳建筑，不但节省材料，而且抗压能力强。

近几年来，建筑师又在蛋壳的启示下，设计了现代化大型薄壳结构的建筑。比如北京火车站大厅房顶、国家大剧院采用的就是这种薄壳结构，屋顶很薄，跨度很大。整个大厅显得格外宽敞明亮、舒适美观。同时，这类薄壳结构的建筑物还是节能环保的绿色建筑。

灵验的
自然灾害"预报员"

水母："听"风暴

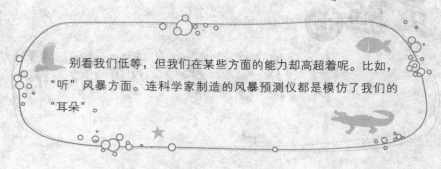

别看我们低等，但我们在某些方面的能力却高超着呢。比如，"听"风暴方面。连科学家制造的风暴预测仪都是模仿了我们的"耳朵"。

■触手上的"顺风耳"

早在5亿多年前，水母就已经在海水里生活了，它们是地球上最低等级生物之一，但千万不要小看这群低等生物，它们可是预测风暴的"高手"。

在蓝色海洋上，风暴来临之前会产生一种次声波，这种次声波人耳是听不到的，而对水母来说"听"到风暴却是易如反掌。水母是如何"听"到风暴来临的呢？

回答这个问题，我们就必须研究一下水母的结构：水母是一种伞状的漂浮体，在伞的边缘生有触手。在水母的触手丛中，还有一个细柄，细柄上长有小球，这就是水母的"耳朵"。在水母耳的内部，有一个极小的听石。

随风暴产生的次声波是由空气和波浪摩擦产生的（频率为每秒8～13次）。这种波有一个特点，就是能比狂风和波浪传播的速度更快，总是以最快的速度告诉所有能听到次声波的海洋生物——风暴就要来了。这种次声波冲击水母的"耳朵"，刺激着周围的神经感受器，使水母在风暴来临前10～15小时就能够听到正在来临的风暴的隆隆声，因而一下子全从海面消失了。

水母怎么这么快就消失了呢？原来，水母的伞状体内有一种特别的腺，可以放出一氧化碳，使伞状体膨胀。当大风暴来临前，它们就会自动将气放掉，沉入海底。等海面风平浪静后，它只需几分钟就可以生产出气

▲ 大西洋中的僧帽水母——葡萄牙战士，气囊直径可达30厘米。

体让自己膨胀并漂浮起来。

水母耳风暴预测仪

热带风暴是发生于热带洋面上的巨大空气旋涡，它急速旋转像个陀螺，我国称为"台风"，美洲人叫它"飓风"，气象学上则称它为"热带气旋"或"热带风暴"。热带风暴所引发的风暴潮、暴雨、洪水、暴风所造成的生命损失占所有自然灾害的60%。

1975年发生在我国的台风灾害，使东部10多个省出现暴雨洪水。河南省受灾最严重，暴雨中心恰好位于两座水库上游，导致水库坝决口，大量农田、村舍被淹，京广铁路被冲毁百

余公里，造成很大的人畜伤亡。

水母这种神奇的听觉在风暴预测方面很有价值。仿生学家仿照水母"耳朵"的结构和功能，设计了水母耳风暴预测仪，相当精确地模拟了水母感受次声波的器官。把这种仪器安装在舰船的前甲板上，当接收到风暴的次声波时，可令旋转360°的喇叭自行停止旋转，它所指的方向，就是风暴前进的方向，指示器上的读数即可告知风暴的强度。这种预测仪能提前15小时对风暴作出预报，对航海和渔业安全都有重要帮助。人们从电视上看到有些军舰、渔船在每次风暴来临时都能提前靠岸，远离危险，这都是水母耳风暴预测仪的功劳。

鳖：预报洪水的"先知"

> 在预报洪水方面我们是"先知"。有经验的渔民通过察看我们产卵的时间和地点，就可以知道洪水什么时候来，水位会涨多高。这对于他们提前抗灾抢险是相当重要的。

■ 先知先觉预报洪水

洪灾是集中大暴雨或长时间降雨汇入河道，水量超过其泄洪能力而漫溢两岸或造成堤坝决口的自然灾害。洪灾到来，农田受淹、房屋倒塌、财产受损，甚至造成人员伤亡，因此如何更好地预防洪灾成了人们最迫切关心的问题。

1976年盛夏，几位渔民沿着河岸缓缓行走，仔细地寻找着鳖卵。当时洪水刚刚过去，河床的两侧还留有洪水的痕迹。他们寻找了一会儿，终于在岸边高处沙滩上找到了鳖卵。经过实地测量，发现鳖卵产地距离洪水痕迹高出6米，一位有经验的老渔民断言道："今年还有一次更大的洪水！在鳖产蛋后的30天左右，洪水就会到来！"

果然不出老渔民所料，不久这里就连续下起暴雨，河水迅速上涨，淹

▼鳖产卵时需要掘洞，产完卵后会用沙土掩埋。

▲ 鳖为变温动物、水陆两栖、用肺呼吸。

没了7万亩晚稻。河水水位正好涨到距离第一次洪水水位6米高的地方，紧紧挨着鳖产下卵的沙窝。这难道是巧合吗？肯定不是，因为他们接连发现，河岸的鳖卵沙窝都不约而同地处在同样一个高度。

■ 如何预测是个谜

面对鳖预知洪水的能力人们开始议论纷纷，做着各种各样的猜测。动物学家从鳖的生活习性、居住环境、繁殖后代等多方面进行研究。鳖产卵的位置、时间与洪水水位和洪水到来的时间，究竟存在什么关系？鳖能够预测洪水的到来吗？

目前虽然尚不能作出令人满意的回答，但还是提出了供人思考的科学思路。鳖卵产下以后，要经过30天左右才能孵化成幼鳖。如果洪水水位很低，或者洪水迟迟不来，鳖卵所处的位置很高，那么刚刚孵出来的幼鳖，在爬向河中的时候，会因路途太长而中途干死，不能进入河水之中，那么它便夭折了。相反，如果鳖卵孵化不足30天，幼鳖尚未出世，而洪水提前到达将鳖卵冲跑，同样会造成繁殖后代失败。因此，若想让后代安全出世，还真要动脑筋认真算一算！只有鳖将产卵的时间、地点与洪水到来的时间、地点掐算一致，鳖才能不断繁衍生息，否则就会被大自然淘汰！看来鳖经过祖祖辈辈的生活经验，已经计算好了这个数字。

鳖是如何先知先觉的，这对于人们而言，至今仍然是个不解之谜！但是鳖的先知先觉对生活在河岸两边的人来说，无疑是一种简便、可靠的预测洪水的方法。另外，人们通过观察，发现洪水到达的时间，往往是鳖产卵后18天左右。这对防洪抢险的人来说，能事先掌握洪水到达的时间，是夺取抗洪胜利最有利的条件。

蜥蜴：可以"看"到地震

对于地震，我们蜥蜴也有话说。我们跟别的动物对地震的感知不大一样。我们是通过"看"来预报地震的。我们这神奇的器官是长在间脑末端的"第三只眼"。

■ "第三只眼"

地震是地球内部运动时积累的一定的能量突然释放出来所引起的地球表层的振动。到目前为止，人类还不能对地震进行准确的预测。地震灾害时间短、危害大，是水、火、风、虫灾等所不及的。全世界每年有大大小小地震500多万次，造成的人员伤亡和经济损失都是巨大的。

地震来临前会出现许多异常现象，比如出现井水翻花或变色，泉水断流或喷涌，地面冒水或冒泥，指南针强烈扰动等异常现象。动物对于地震的感觉要比人类敏感许多，它们能比人类提前知道即将发生的灾害。例如，1975年2月4日，辽宁海城7.3级地震前两天，一群小猪在圈内相互乱咬，其中19只小猪尾巴被咬断，震前几小时一个鹿场的梅花鹿撞开栏门冲出圈外。再如1976年7月28日的唐山大地震前3天，一养鱼塘中的鱼成群跳跃，更奇怪的是，有的鱼尾朝上头朝下，倒立水面，竟螺旋一般飞快地打转。到7月27日，又有成群的老鼠仓皇奔窜，大老鼠带着小老鼠跑，小老鼠们则相互咬着尾巴连成一串。由此可知，动物能够预测地震。

在一些地震频发的地区和国家，监测动物的日常表现也成为预报地震的一种手段。地震前有预兆的动物种类有很多，比如猫、狗、熊猫、鱼、蛇、老鼠、蚂蚁、蜜蜂等58种动物在震前的异常反应比较确实。穴居动物比地面上的动物感觉更灵敏，小动物比大牲畜感觉更灵敏。但能够预报地震的动物远不止这些，蜥蜴也是能够预报地震的动物。

作为最古老动物种群的代表，蜥蜴对地磁和电磁场的反应都很敏感。这是因为蜥蜴的神经系统有别于其他动物。爬行动物有一种所谓的腔壁器官，称为"第三只眼"。这个器官位于间脑的末端，在负责调节神经系统的骨骼旁边。有趣的是，蜥蜴的这个器官通过一个专门的小孔伸到了体外。

■ 感知低频地磁场

俄罗斯科学家经过长期观察，认为"第三只眼"能"看到"预兆地震的低频地磁场。在试验中，他们把几只蜥蜴放在高强度的高频电磁场环境里，结果几天后发现，这些接受试验的动物统统死去。后来，将它们改放到低频地磁场环境里，蜥蜴就显得特别活跃，它们频繁地挪动地方，明显地表现得烦躁不安。如果地磁场出现高频扰动或剧烈变化时，蜥蜴便有了感觉，开始有所活跃。那就表示要发生地震了。

人们需要借助仪器预报地震，而爬行动物有别于仪器，它们的预报从未出过差错。由于蜥蜴有从古代祖先那里继承的神经系统，所以这便成了比较敏感的生物指示器。它们能感知离震中半径为100千米范围内将要发生

的地震。地震前地面和气候会产生一系列物理化学变化，这种细微变化更容易使动物的感觉器官受刺激，从而使它们的行为发生异常。动物异常表现的持续时间越长，地震的破坏性就越大。

但是，动物的生物指示器并不是总是那么敏感。例如在一次大震后，特别是接连发生了多次余震后，动物的反应就可能对震动习惯，而变得不那么敏感了；冬天蜥蜴得冬眠，它们对地震的敏感度也会迟钝许多。如果大冷天蜥蜴出来晒太阳，那可能就预示着强烈的地震要发生。

▲蜥蜴是一种变温动物，生活在热带地区的蜥蜴可终年活动，而生活在温带寒带的品种则需要冬眠。

深海鱼："海啸报警器"

我们原本在深海过着安逸的生活，突然，海底地震了，我们受不了地震所引起的生活环境的异变，拼命地逃窜，往水面游来。可是，长期深海生存，我们已经适应了低温、高压，能逃得了家园，却逃不开身体的局限性，不管怎样都是死路一条。好在，我们能以自身的壮烈牺牲，换来人类对海啸的警惕。

大片死鱼，海啸前兆

人类在经受了无数次地震后总结出一条经验，即许多动物在地震前都会出现反常行为。而深海鱼类在震前的行为更为异常。

当地震发生于海底，因震波的动力而引起海水剧烈的起伏，形成强大的波浪，向前推进，将沿海地带一一淹没的灾害，称之为海啸。1932年，日本本州岛东北部发生强烈海啸前夕，在海岸附近突然发现原来生活在500米深处的鳗鱼成群地浮游在水面。1976年5月，在欧洲的阿亨泽沿岸地带，有几十只猛禽盘旋低飞，贪婪地吞食着海面上漂浮着的大片死鱼。专家们对这些死鱼进行了研究，发现这些鱼是由于震动而死亡的，这里离意大利北部所发生的地震中心不远。

意大利生物学家进行深入研究后认为，地震前地层深处压力增大，这种压力能分解地下水，使水体产生一

▼鱼类的侧线器官由鱼鳞下的一系列液体管组成，它们的感受器极其敏感，能探测轻微的波动。1.侧线的纵向截面，显示了液体管与外界的连接及感受器的位置；2.单一压力感受器的细节图。

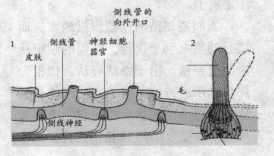

皮肤　侧线管　神经细胞器官　侧线管的向外开口　毛　侧线神经

些带正电的微粒。这些微粒从地壳的裂缝中升到地面，弥散在空气中，使动物体内产生一种特殊的激素，对中枢神经起到刺激作用，使动物出现反常行为。而鱼类对地震之所以极为敏感，是因为它们的"耳朵"和侧线器官对高频和低频振动的反应十分灵敏，它们

▲ 深海鱼往往身体的某一或某几部分有发光器，可用于诱捕猎物也可以用于引诱配偶。

能够预先感觉到地震引起的"场"的变化。此外，任何地震都会使地壳排出有毒的气体，或促使水温变暖，或出现底部水体"煮沸"的现象。在这种情况下，鱼类或者不幸死亡，或者本能地逃难，于是出现深水鱼一反常态，浮游在水面上的情况。

■离开深海，死路一条

在水下500米到几千米深处的海水区域是深水鱼类的栖身之地。海洋深处远不及浅水里那样光线充足、营养丰富、水的流动强而有力、温度和盐分的变动明显。在深海里，太阳光透不进去，没有植物或很少有植物；所以深水动物唯一的食物来源是细菌以及从上层海洋里沉降下来的生物尸体。由于不利的生活条件，深水动物

不论在量的方面，还是在质的方面，都不及生活在高水位的动物。

在深海中，由于二氧化碳导致石灰质的不断溶解，水温低，溶解的石灰质很难再从海水中分离出来，因而深海鱼类不易得到适当的钙，所以它们的骨骼和肌肉均不发达，就变成为多孔而具有渗透性的组织，使体内的张力能抵抗体外巨大的压力。深海鱼类的腹部薄如蜡纸，却富有韧性和弹性，不易撕破，这样，它们即使吞食了比自己身体大两倍的鱼，也不会把肚皮撑破。

一些深海鱼类长年生活在黑暗的环境中，具有特殊的视觉器官。如有的鱼双眼特别发达，差不多占头部的一大半；有的鱼眼睛呈圆柱形，水晶体特别大，向前或向后突出，像一架

望远镜；有些鱼的眼睛却很小，甚至退化成没有眼睛的"盲鱼"。这些鱼类往往长出比自己身体长数倍的须，用须来感受各种动物的呼吸和游泳时所激起的声波。一般的深海鱼都具有感觉远距离声音振动的能力，从而在漆黑的深海中寻找食物或躲避敌害。因而，深海水土养育的鱼类只会生活在属于它们的深海区域。

在海啸到来之前，往往会有一些深海鱼类，因受不了深海地震引起的水温骤升而逃命，但即使这些深海鱼类逃到水面上，也是死路一条。深海鱼类所处的生活环境，其水温终年在0℃~2℃，在逃命过程中水温的剧变，无形中给深海鱼类以巨大的打击。此外，深海鱼类平时一直承受着海水的巨大压力，它们已习惯在海水的巨大压力下生活。如果这些深海鱼类突然到了水面上，海水的压力骤然减小，会使它们的胃翻出口外，眼睛

水晶体

水晶体，也叫晶状体，为一个双凸形扁圆体，包以透明被囊，是眼球的重要结构。晶状体就像照相机里的镜头，对光线有屈光作用，能通过睫状肌的收缩或松弛改变屈光度，使看远或看近时眼球聚光的焦点都能准确地落在视网膜上。

突出眼眶外，体内部分小血管破裂，最终导致死亡。

有时人们在浅海中游玩时，看到一些怪模怪样的深海鱼类，其实它们都已经死去。但这一点也应引起在海边游玩的人们的高度警觉，万万不可掉以轻心，这说明有可能过不了多长时间，凶神恶煞的海啸就会疯狂席卷过来。不知情的游人，完全有可能被无情的海啸吞噬掉。

海鸥："大海的吉祥鸟"

我们被人们称为"大海的吉祥鸟"。这是因为我们的出现能发出提防轮船触礁的信号、能给迷航的大船做引导，还能在人们出了海事的时候，集群大声鸣叫引导救援舰船。有经验的船员，还可以通过我们的飞行方式来判断天气的好坏。

■ "安全预报员"

海鸥是一种脚趾间长有薄膜的长翅膀鸟，见于海洋和内陆水域上空。海鸥体长33～71厘米，嘴部笨重，稍呈钩状，尾巴有点像方形。海鸥的下体大多发白，背部和上翅面呈灰色。有些海鸥头部和翅尖是黑色的。

海鸥是一种身姿健美、惹人喜爱的候鸟。它们是港口、码头、海湾、轮船周围的常客。海鸥既是飞行专家，也是优美的滑翔者。它们以表层的海洋生物为食，保持港口清洁，跟随船只取食少许食物。当疲倦的时候，海鸥将头塞进翅膀下面，然后在波浪上睡觉。海鸥在海洋上与人类"和平共处"。

乘舰船在海上航行时，人们常因不熟悉水域环境而触礁、搁浅，或因天气突然变化而造成海难事故的发生。富有经验的海员都知道：海鸥常着落在浅滩、岩石或暗礁周围，群飞鸣噪，这无疑是对航海者发出了提防触礁的信号。一旦人们在航行中遇到不测，沉船失事，海鸥会马上集成大群，在失事舰船上空大声吼叫，以引导救援舰船来援救。同时，海鸥还有沿港口出入飞行的习性，每当人们航行迷途或大雾弥漫时，观察海鸥飞行方向，也可作为寻找港口的依据。

海鸥是大海的吉祥鸟，是旅途平安的象征，同时也是海上航行安全的"预报员"。暴风雨是一种突然来临的大而急的风雨，短时间内会给人们带来很大的财产损失，甚至危及出海人的生命，但是海鸥能够提前感知在人们看来毫无征兆的暴风雨。通常来说暴风雨是由低压天气系统造成的，暴风雨来临前的几天，气压通常比较稳定，并可能缓慢降低，而到暴风雨来临前夕气压会急剧下降。海鸥的骨骼是空心管状的，没有骨髓而且充满空气。这不仅便于飞行，又很像气压表，能及时地预知天气变化。此外，海鸥翅膀上的一根根空心羽管，也像一个个小型气压表，能灵敏地感觉到气压的变化。因此，如果海鸥贴近海面飞行，那么未来的天气将是晴好的；如果它们沿着海边徘徊，那么天气将会逐渐变坏。如果海鸥离开水面，高高飞翔，成群结队地从大海远处飞向海边，或者成群地聚集在沙滩上或岩石缝里，则预示着暴风雨即将来临。

▲ 成群的海鸥

■ 喜欢随船飞

当你坐轮船时，站在甲板上，抬头仰望碧海上空，可以看到银光闪闪的海鸥展开双翅，时起时伏地跟着轮船平稳地飞翔，好像一根无形的绳子把它系在船尾似的。总喜欢追随轮船飞的海鸥，不用扇动翅膀却能轻松自如地翱翔。

支持海鸥飞行的这股力，也不是那么神秘，只是一股空气流。空气流动就形成风。由于大气中的气温差异，造成了空气的流动。尤其在大海里，当空气流动时，在途中遇到障碍物（如轮船、岛屿和海浪等）就上升形成一股强大的气流，这股上升的气流就会托住海鸥的身体。同时，海轮向前行驶，与空气流产生相对运动，这时，轮船后部的空气层相对于大气是一个负压，这个负压的方向是指向轮船前进方向的，这个压力会推着海鸥，于是它们巧妙地利用这股气流压力毫不费力地向前飞翔。轮船在航行的时候，船底的螺旋桨常常会把海里的鱼虾、蟹、贝翻打上来，这些便成为海鸥重要的取食对象。同时，它们还爱拣食船上人们抛弃的残羹剩饭，这也是海鸥追随轮船的另一个原因。但不管如何，海鸥喜欢追随轮船飞的嗜好，为及时预报天气、时刻监视暗礁提供了条件，海员能够随时从海鸥那得到信息，从而保证了海上航行的安全。

帮助农业生产的大功臣

蚯蚓："环保卫士"

近年来世界各国都对我们蚯蚓的养殖业产生了很大的兴趣，日本、美国、加拿大、印度等国，养殖蚯蚓的规模逐年扩大，仅美国就有9万个蚯蚓养殖场。你一定相当好奇，我们为什么突然备受追捧吧？答案就是我们是真正的"环保卫士"。

■生命力顽强

世界上的蚯蚓有2 500多种，分布非常广泛，就是在极寒冷的冰雪地带，也有它们的踪迹。大多数蚯蚓生活在淡水中的泥底或者潮湿的土壤中，少数的蚯蚓寄生在其他动物的身体内，个体很小。有的蚯蚓只有一对心脏，有的可能有五对心脏。一条成年蚯蚓同时有雌雄两种生殖器官，一般情况下蚯蚓是雌雄异体受精的，但必要时也能自我受精生殖。

蚯蚓为了保护自己，避免身体因阳光的照射而干枯，白天常常潜伏在洞里，晚上才出来活动。蚯蚓遇到冷、热刺激，或者受到敌害侵扰时，它常常会蜷缩跳跃，并且迅速分泌出大量乳白色的黏液或排出念珠状的粪便，以便使自己尽快溜走。

蚯蚓是一种低等的环节动物，虽然也有头、尾、口腔、肠胃和肛门，但它的整个身体就像由两条两头尖的"管子"套在一起似的，外面一层是一环一环套起来的体壁，体内有一条从头到尾贯穿的消化道。当蚯蚓被切成两段时，断面上的肌肉组织会立即收缩，一部分肌肉迅速溶解，形成新的细胞团，同时白细胞聚集在切面上，形成栓塞，使伤口快速闭合。与此同时，体内的消化道、神经系统、血管等组织的细胞，也都加快分裂速度，迅速地形成一套新的可以维持正常生理活动的系统。就这样，随着细胞的不断增生，缺少头的一段会长出食时，先把头伸长缩尖，钻个小洞，然后把头部胀大挤压土壤，把土壤分开，向前推进。当土壤特别坚硬而挤压不开时，它就把前面的土壤吞下，然后从肛门排出，继续前进。

蚯蚓的皮肤能够分泌一种黏液，这种黏液不仅能够使皮肤保持湿润，还可以使蚯蚓在松土的时候减少与土壤间的摩擦。蚯蚓背部有许多小孔，在环境比较干燥的情况下，这些小孔能够排出液体，保持身体的湿润，使它能够在较干燥的环境中生存下去。蚯蚓的身体上还有许多短而坚硬的刚毛，这些刚毛支撑着它在地面上爬行。人们常常不容易把蚯蚓从洞穴中拉出来，就是因为有这些刚毛抠住了洞穴中的土壤。

蚯蚓经常在地下钻洞，使土壤疏松多孔，外界的游离气体就容易深入土中，促使微生物滋生，植物的根就容易发育，地面上的水分和肥料也就容易渗透下去，从而使庄稼得到养料和水分，促进生长。蚯蚓不但能疏松土壤，增加土壤有机质并改善结构，还能促进酸性或碱性土壤变为中性土壤，增加磷等速效成分，使土壤适于农作物的生长。达尔文计算过，100万条蚯蚓一小时翻耕的土地比一匹马一小时翻耕的面积还大。美国最早进行人工养殖蚯蚓的奥利维博士估计，如果每公顷园地中有100万条蚯蚓，就

▲一条蚯蚓将树叶拖回自己的洞穴中。树叶能用来挡住洞穴出口，也能作为食物。

一个新的头，缺少尾巴的那一段会长出一条新的尾巴。这样一条蚯蚓就变成了两条完整的蚯蚓。生命力如此顽强的动物充当人类的庄稼好帮手，真是可遇而不可求。

■ "强力松土机"

蚯蚓犁地的本领引发了人们很大的兴趣。蚯蚓的前端长有一个肌肉发达的肉质部分，叫作口前叶。口前叶具有摸索和挖土的功能，保证蚯蚓能够在土壤里打洞生活。蚯蚓挖穴取

▲ 善于钻土的蚯蚓

能顶3个老练的园丁每天轮流工作8小时。20世纪80年代以来，有些国家开始用蚯蚓来代替机械耕作。

■ "环境卫士"

蚯蚓在垃圾处理、环境保护等领域同样扮演着重要的角色。蚯蚓在自然界物质循环中是分解者，能无污染地处理生活垃圾和有机废弃物，并将其转换成有机肥料。

蚯蚓具有惊人的消化能力。除了玻璃、塑料、金属和橡胶以外，它什么都吃，一切有机物都能被它消化吸收，并化成粪便排出。蚯蚓粪含有丰富的硝酸盐、磷酸盐和钾盐等，是一种很好的天然肥料。据实验数据表明，1亿条蚯蚓一天就可以吞食40吨垃圾，如果处理一户普通家庭的垃圾，只要饲养2 000条蚯蚓就足够了。蚯蚓在吃垃圾的同时还会产生无味、无害、高效的绿色有机肥，3吨有机垃圾可得到1吨蚯蚓粪。此外，蚯蚓

还能净化公路两侧的草地，消化吸收土壤中含锌、镉的重金属化合物。这类金属元素在蚯蚓体内的聚集量为外界含量的10倍。因此，有些科学家认为蚯蚓可作为土壤中重金属污染的监测动物。蚯蚓可谓是忠实的"环境卫士"。

有些国家已开始利用蚯蚓的这一特点来处理垃圾。美国加利福尼亚一家公司养殖5亿条蚯蚓，一天就能吃掉200吨垃圾，从而为花木、果蔬提供了100多吨优质肥料。2000年悉尼奥运会期间，奥运村产生的生活垃圾就是靠160万条蚯蚓处理掉的。

俄罗斯专家最近用杂交法培育出一种蚯蚓"清洁工"，这种蚯蚓能在缺氧的条件下，进食污水中的致癌盐类、苯酚、有毒碳氢化合物等对自然环境有害的物质，再把"食物"残渣转化成可促进植物生长的腐殖质、激素等无毒物质，并将其排出体外。

雌雄同体

生物学上，将一个个体同时具备雌性和雄性两种性状的现象称为雌雄同体。雌雄同体在植物中普遍存在，动物中只存在于低等物种中，如蚯蚓、藤壶、蚊虫等。

七星瓢虫：蚜虫的"克星"

说我们是农业生产的"卫士"可一点儿都不夸张。小小的蚜虫到处作乱，我们一出马，准保把它们收拾利落了。连我们的小娃娃也知道怎么对付蚜虫的小崽子。既然我们有如此强大的作战能力，人们自然就想到了利用我们来进行生物防治。

■蚜虫死对头

瓢虫生活在世界上气候温暖的地方。大多数瓢虫颜色鲜艳，圆形带斑点的身体长度为2～10毫米。它们通常身体是红色、黄色或橙色，带有黑色、白色或黄色的斑点。很多种类的瓢虫在冬天要冬眠。七星瓢虫以鞘翅上有7个黑色斑点而得名，是一种小型肉食性甲虫，主要以园圃内的害虫为食，尤其喜欢吃棉蚜、麦蚜、菜蚜、桃蚜等。它们是蚜虫的死对头，植物的忠诚卫士。

蚜虫是一种繁殖速度惊人的害虫。被它们大肆吸食的庄稼很快就会枯萎，造成极为严重的减产。每当有蚜虫为害的时候，七星瓢虫就向蚜虫发起勇猛的进攻，毫不留情地将一只只蚜虫吃到自己的肚子里去。逞狂一时的蚜虫如果遇到它，就像遇到克星一样，难逃一死。

七星瓢虫的幼虫也十分爱吃蚜虫，而且十分凶猛。七星瓢虫的幼虫

▼ 七星瓢虫捕食蚜虫。

长有一对尖利的大牙，它一闯入蚜虫群中，就开始大口撕咬，蚜虫见到它，立即腿软身瘫，不敢再动，只有等死。七星瓢虫的个子虽然不算太大，可是食量却大得惊人，它一天竟要吃掉100多只蚜虫。为了使自己的子女一出生就能吃到蚜虫，七星瓢虫产卵时就专门找那些有蚜虫危害的植物，将一粒粒像窝窝头似的黄色卵粒产在叶片上，这样，小瓢虫一出世，就有了丰富的食物。

除了吃蚜虫，七星瓢虫的避敌本领也很高强。如果有人碰了它，它便会立即"休克"过去，一动不动地装死，直到危险过去，它才开始爬动。如果有人抓住了它，它还会使出避敌保命的第二招本领：从腿关节中间流出一种黄色的液体，这种液体的气味又臭又辣，令人很不舒服。就连那些爱啄食昆虫的鸟类，闻到以后也要退避三舍。

■ "植物卫士"

正常情况下，蚜虫等植食性昆虫不能给植物带来太大的危害。这是因为自然界里存在着许多保护植物的卫士。它们夜以继日地劳动，取食危害植物的蚜虫，使蚜虫的数量一直保持在比较低的水平，因此也不引起人们的注意。但是在某些特殊的条件下，蚜虫的某些种类数量可能迅速增加，

▲ 七星瓢虫

严重时将植物全部食尽，植物枯死，造成损失。此时我们称之为害虫。

19世纪的中后期，美国的柑橘遭蚜虫危害，使果园经营者遭受了不小的经济损失。1888年～1889年美国从大洋洲引进澳洲瓢虫，不久就完全控制了虫害，并形成了稳定的群落，直到现在，澳洲瓢虫对蚜虫害仍然起着有效的抑制作用，在人类利用天敌防治作物害虫的历史上，写下了载入史册的光辉篇章。自此之后，瓢虫被应用于多种作物害虫的生物防治，建立了不朽的功勋。

上海昆虫研究所曾进行过瓢虫防治温室蔬菜蚜虫的实验。在生产茄子的塑料大棚里，每星期释放数百只瓢虫成虫，较长时间内有效地控制了蚜虫的增长。在现代化自控温室内，也进行了类似的试验，发现即使在蚜虫密度很低的情况下，瓢虫的成虫也能产卵繁殖，并能在温室内完成整个世代的发育，为温室作物害虫的生物防治展示了良好的前景。

姬蜂：除害有"道"

在自然界，如果我们生养下一代的方式不是针对害虫，那么，我们肯定会被讨伐的。因为这种方式是为了"斩草除根"。我们通过嗅觉找到深藏在树干中的蛀木虫的小婴儿，然后用长长的产卵器刺破树皮、木质，直达小婴儿的身体，将我们的宝贝儿产在里面。这个肥胖的婴儿为我们宝贝儿的成长提供一切养料。当我们宝贝儿出生后，这个婴孩就成了它的可口食物。

■ 寄生卵夺命

几乎所有种类的姬蜂都色彩明艳、体形清瘦，头上有一对细长的触角，雌性尾后还拖着宛如彩带般的长丝，再加上两对油亮透明的翅膀，它们飞起来摇曳生姿，给人一种飘然欲仙的印象。更重要的是，它们从不攻击人类。大概也正是因为这些缘故，它们才有了"姬蜂"这样一个优雅的"女性

化"的名字。

姬蜂看起来温柔、善良，然而，姬蜂绝非柔弱驯良之辈。它们的全部成员无一不是靠寄生在其他类昆虫体

▲ 姬蜂将针状的产卵器刺入树干进行产卵。

▲ 姬蜂

上生活的，它们是这些小动物的致命死敌。姬蜂寄生本领十分高强，即使在厚厚的树皮底下躲藏的昆虫也难逃其手。姬蜂中大多数种类寄生于农、林害虫体上，可以消灭各种各样的害虫。不论哪一种姬蜂，它们在幼虫时期都要在其他类昆虫的幼虫体内生活，以汲取这些寄主体内的营养，满足自己生长发育的需要。正是由于姬蜂的寄生，寄主最终被掏空了身体而一命呜呼。

姬蜂要把卵产在躲藏于树干里的蛀木幼虫的身上，自然要花费一番工夫。姬蜂为了让自己的后代能顺利生存，可谓各显其才。多数姬蜂的嗅觉非常灵敏，远远地就能闻到蛀木昆虫排泄到树皮外的粪便气味。它们在顺藤摸瓜地找到深藏在树干中的肥胖幼虫后，就将长达4～5厘米、末端有锉子般纹路的产卵器对准树干里的目标，然后不断地扭动柔软的腹部，来回转动产卵器，使产卵器像钻杆一样穿过树皮、木质，最后到达拟作为寄主的幼虫体内。整个过程一般需要10多分钟的时间。

■ 巧产"夺命"卵

姬蜂为了确保自己的幼虫一孵化出来就有食物吃，千方百计地把自己的卵牢牢地固定在倒霉的寄主幼虫身上。一些姬蜂的卵上甚至有各式各样的柄，柄的基部能深深地插入寄主幼虫的体内，起到固定卵的作用。这样，即使寄主幼虫蜕皮，也仍然无法摆脱姬蜂的卵。

有的姬蜂甚至还会"投机取巧"。它们懒得自己费力"钻探"，便专门寻找树蜂或其他种类的姬蜂已经钻好洞产完卵后留在树干上的现成的孔道，再把自己同样长，但是细一号的产卵器顺着洞插入树干，把卵产到已被寄生过的幼虫身上。后来者的卵往往比先到者的卵更早孵化，而且一孵化出来就立即用自己强大的颚把先到者的卵破坏。即使后来者的幼虫晚出世一步，但当它与先到者的幼虫相遇时，后来者的幼虫也一定会把先到者的幼虫咬死。姬蜂的这种行为与鸟类中的杜鹃倒是颇为相似。

不过，多数姬蜂还是颇有绅士风度的。它们的嗅觉极其灵敏，能嗅出先到者的存在，并判断这条虫子是否已被产过卵。如果发现已被别人产过卵，它们就会放弃这条虫子，去寻找新的目标。在人们进行生物防治时，这种具有敏锐判别能力的姬蜂是非常有用的，因为它们拥有更强大的消灭害虫的能力。

适应寄主的身体

一般来说，姬蜂作为一个在寄主体内生活的寄生者，长成的时间要比害虫短，而且它们的身体一定要比害虫小一些。为了保证不超过寄主的大小，姬蜂幼虫的发育常与寄主的发育保持同步，当寄主停止发育进入滞育期时，姬蜂幼虫也进入滞育期。据研究，姬蜂这种与寄主发育相一致的现象，是由寄主内分泌的影响造成的。因为姬蜂幼虫皮肤很薄，当寄主进入滞育期时，体内产生的影响滞育的内分泌物也同样渗入了姬蜂幼虫体内，从而引起姬蜂幼虫的滞育。当然，这也是姬蜂长久以来形成的一种适应寄主身体的能力。

猫头鹰："捕鼠能手"

我们长相跟一般鸟儿不大一样，有一个圆形或心形的脸，眼睛长在正前方，且喜欢"怒目圆睁"，因此，看起来更像我的朋友老猫。又因为我们跟老猫食性上一样，人们干脆就给起了个这样的名号。

■田鼠克星

猫头鹰是一种夜行鸟，白天休息，晚上开始捕食，专门捕杀危害农民粮食和传播疾病的各种鼠类，它们可以毫不费力地在一夜之间捕住许多猎物。猫头鹰一旦抓到田鼠，会将它们整个吞下，其嗉囊具有消化能力，将食物中不能消化的骨骼、羽毛、毛发、几丁质等残渣集成块状，形成小团经过食道和口腔吐出。

在繁殖期间，猫头鹰捕鼠的数量相当惊人。有的猫头鹰在它们的小宝宝还没出壳时，已捕捉了一些老鼠塞在窝边，留给它们的小宝宝作为食物储备起来。有的猫头鹰即使在吃饱以后，看到老鼠也不放过，宁可杀死扔掉，也不让老鼠逃走。若按一只猫头鹰一年消灭600只野鼠计算，它为人们保护的粮食就有一吨多。

智慧的猫头鹰还有一种诱鼠的绝妙"口技"。北美的钻洞猫头鹰是与响尾蛇截然不同的动物，但它们会伪装成响尾蛇，以智捕猎物和巧御强

嗉囊

嗉囊是鸟类食道后段暂时贮存食物的膨大部分。食物在嗉囊里经过润湿和软化，再被送入前胃和砂囊，有利于消化。嗉囊在食谷食鱼鸟中较发达，在食虫食肉鸟中较小。有些鸟如鸽子，嗉囊为双侧囊；某些鸟没有嗉囊，如企鹅。

敌。响尾蛇是一种毒蛇，因尾端有角质环，摇动时能发出类似溪河中"嘎啦嘎啦"的流水声，以诱捕因口渴急欲觅水源的小动物，故得名。

钻洞猫头鹰似乎掌握了响尾蛇捕食的诀窍，其鸣叫声也模拟成响尾蛇的响尾声，以诱捕猎物。动物学家为了查明这种猫头鹰的捕食效果，用响尾蛇的主要猎物——地鼠，进行了一项有趣的实验：他们将地鼠放入一条人造隧洞中，洞口安放一台录音机。如果播放一般的音乐，地鼠并不会惊慌失措，也没有什么反应，但一播放这种猫头鹰类似响尾蛇发出的流水声，地鼠便会爬向洞口，企图饮水。

动物学家还推测，模拟响尾蛇的鸣叫声还可抵御强敌，因为黄鼠狼、郊狼是猫头鹰的天敌，它们一听到这种模拟声，会把它误认为是剧毒的响尾蛇，因而会敬而远之，使猫头鹰逃脱了一次又一次被捕食的危险。

■ 夜间"捕快"

猫头鹰昼伏夜出的生活习惯是与其身体构造相适应的。它的羽毛颜色和周围的夜色环境非常相似。这样就可以将自己隐藏于黑暗之中。

猫头鹰还拥有敏锐的视觉和听觉，这些特点都保证了它们可大部分时间在森林深处捕猎。

在黑暗中，猫头鹰那巨大的瞳孔比人的眼睛的能见度要高出三倍。只要有微弱的光线，就能看见老鼠。它们的眼睛虽然很大，却不能自由转动，但头部却可以转动270°，这样就扩大了视力范围。猫头鹰还长着一对非常灵敏的耳朵。大部分猫头鹰还生有一簇耳羽，形成像人一样的耳郭，而密生硬羽的面盘是很好的声波收集器。在伸手不见五指的黑暗环境中，听觉起主要的定位作用。猫头鹰能听到森林中发出的哪怕是极微弱的一点响声，老鼠只要一动就会被猫头鹰发

▼猫头鹰

▲ 猫头鹰

间捕猎能手。

猫头鹰还有一个绝杀技——无声飞行，这也是老鼠最害怕的。猫头鹰飞行时是悄然无声的，这和它们身体羽毛的独特有着密切的关系。它们的羽毛非常柔软，丝绒般光滑，翅膀末梢的羽毛有着像梳子一样的羽缘，因此空气就可以顺利地从其中通过，而不发出任何气流声。有了这身特殊构造的羽毛，猫头鹰在万籁俱寂的夜晚，就可以悄无声息地从天而降到猎物面前，等猎物回过神来，已经为时已晚。因此人们也把猫头鹰叫作"飞虎"。

现。正是视觉和听觉的完美结合，让它们在各方面适应夜行生活，成为夜

喜鹊："田野卫士"

在民间，我们是最受欢迎的鸟儿之一。这不仅仅因为我们是好运气的象征，更因为我们能帮助人们除掉田间的害虫。我们家族里的灰喜鹊，经人工驯养后，已经成为松林里的"卫士"了，专门追杀难缠的松毛虫。

■ 深入民心

喜鹊体态潇洒风流，体羽黑白相间，黑色中闪耀着紫色光辉；后面拖着一条长尾巴，栖息时，常常上下翘动着尾巴，十分惹人喜爱。民间向来有"喜鹊叫，喜将到"的说法。从古时候开始，喜鹊就被看成是好运与福气的象征。直到现在，农村喜庆婚礼还多用"喜鹊登枝头"的图案来装饰新房。喜鹊如此深入民心，这和喜鹊是农民的好朋友是分不开的。

喜鹊食性很杂。每

天清晨，它们结群飞到田野觅食，成对地在田间草地上跳跃，追捕害虫，保护森林。它们平时的食物绝大部分是危害农作物的害虫，比如蝗虫、蝼蛄、金龟子、松毛虫和夜蛾等，极少

▲ 喜鹊进食。

取食谷类和植物的种子。因此被誉为"田野卫士"。

除此之外，喜鹊还是"气象员"。人们说："喜鹊枝头叫，出门晴天报。"如果听见喜鹊在枝头欢愉地鸣叫，那么今天一定是晴好天气；如果喜鹊在枝头乱跳乱吵，那么今天将是阴雨天气。此外，如果喜鹊在高处筑巢，那么预示今年雨水则会偏多；如果喜鹊在低处筑巢，则预示着今年雨水偏少。

■ 围剿毒毛虫

所有害虫中松毛虫对松林的危害最厉害，它能将大片的松林吃光。松毛虫形象可怕，满身毒毛，鸟儿见了都吓得退避三舍，所以，松毛虫有恃无恐，肆无忌惮地危害松林。为了对付松毛虫，人们一直在寻找鸟类勇士。近年来，人们发现灰喜鹊是位无所畏惧的豪杰，它见到松毛虫，就像遇到可口的美味，毫不犹豫地冲上去，一口叼住松毛虫，然后在树杈上或者石块上，连续不断地摔磨与叼啄，一直到松毛虫被折腾得血肉模糊，才放心地食下肚去。灰喜鹊的饭量很大，一天之内能够吃上百条松毛虫。科学家计算过，一只灰喜鹊每年

▲ 喜鹊

可以消灭15 000条松毛虫，可以保护1～2亩松林，是保护森林的大英雄，被人们称赞为围剿害虫的天兵天将。

更加难得的是，灰喜鹊愿意接受人工驯养。从小开始受驯养的灰喜鹊，经过人工饲养、驯化后，能听从驯鸟员的调遣，服从驯鸟员的指挥到松林里去执行灭虫任务。驯鸟员用笼子把灰喜鹊运到有松毛虫的松林内，打开笼门，放出灰喜鹊。灰喜鹊个个奋勇争先，主动出击。当驯鸟员吹起哨子，灰喜鹊立即飞回笼子休息。它们就像一支训练有素的特种部队，随时开往需要它们的战区，凡是它们到达的地方，必是捷报频传。所以喜鹊到哪里都会受到人们的热烈欢迎。

狐蝠：给植物做"红娘"

小蜜蜂、蝴蝶等昆虫喜欢给开花的植物做"红娘"，我们哺乳动物狐蝠也喜欢凑热闹，这不，也忙忙碌碌地给植物们拉纤做媒了。不过，我们做的这些媒，几乎都是远嫁。谁让我们比那些小昆虫们飞得远呢！

■ 远距离授粉

在能为有花植物授粉当"红娘"的动物中，哺乳动物所占比例最小，狐蝠就是其中一种。狐蝠是一种最大的蝙蝠，它喜欢吃果实和花蕊。当夜幕降临时，它就飞到空中寻找可口的食物，一旦闻到在夜晚开花并散发特殊气味的花香时，它就会翩翩而至，用长长的舌头伸入花中，舐食花粉、吮吸花蜜，在无意中就帮助这些植物传播了花粉。

狐蝠科蝙蝠主要分布在亚洲、欧洲和非洲，仅有少数种类能发出超声波，其他种类则依靠视觉和嗅觉寻找食物，包括果实、植物的花、花蜜和花粉。在热带或亚热带森林生态系统中，狐蝠在取食的同时，也扩散种子和传播花粉。事实上，在热带和亚热带地区的原始森林里，大多数热带植物的幼苗在亲本树冠下，吸收不到足够的阳光，根本无法正常发育，为了减少养料的消耗，甚至有一些母树会产生毒素阻止其幼树成熟。因此，植物种子必须传播到远离亲本的地方才能保证种群的繁衍和扩散。

狐蝠义不容辞地当起了远距离"红娘"，它们采食水果后往往将果实带到远离母树的地方，果核或未经消化的种子随之被扩散。以往一般认为，狐蝠对进入胃肠道的食物只经过不到30分钟的消化，便将食物残余（包括不能消化的种子）作为粪便排出体外，因此狐蝠传播种子的距离充其量只有数十千米。

但近年英国利兹大学生物科学家首次证实，榕树果实的活种子可在一些狐蝠的消化道中滞留12小时以上。由于狐蝠的活动能力很强，很多都可进行远距离的觅食性和迁移性飞行。因此可以断定，这些善飞的哺乳动物完全有可能对植物的小型种子进行数百或上千千米的远距离传播，从而加速了大陆内及大陆与海岛之间的植物种群在不同地理隔离地区间的基因交流。因此，狐蝠在森林系统更新、衰退、环境恢复以及对稳定生态系统等方面都有重要作用。

但是，这位动物"红娘"也有犯糊涂的时候，它们分不清哪些是野果，哪些是人类栽培果，毫不客气地摄食人类辛辛苦苦栽种的水果。目前，我国华南地区就有一群糊涂"红娘"，即适应能力很强、繁殖速度很

▲ 南无花果果蝠

快的棕果蝠（狐蝠的一种），它们给一些地区的龙眼和荔枝种植产业造成了巨大的损失。

吸血狐蝠

狐蝠科种类众多，并不是所有的都以植物果实和花蜜为食。在南非的丛林中有一种狐蝠，人们又称它们为吸血蝠，因为它们主要靠吮吸家禽和动物身上的血来维持生命，每只狐蝠每天至少要喝足两汤勺的血才能存活下去，否则就会性命难保。但实际上，对于狐蝠来说，每天要吮吸到足够的血并非易事，因为同类的激烈竞争加之家禽和动物们都有自己有效的防护措施，使得狐蝠们吸血越来越难，很多狐蝠往往是忙碌一天都一无所获，死亡的阴影开始在它们头顶笼罩，如果在第二天零点到来之前，它们还是不能吮吸到足够的血时，就只能"饥渴"而死。但在死亡之前，狐蝠还有最后一个自救的办法，就是朝同类的其他狐蝠"借血"，吮吸它们体内的血，但由于一只狐蝠不可能把体内所有的血都借出去。因此必然会有一些狐蝠"饥渴"而死。

泄露天机的"气象员"

泥鳅："气候鱼"

虽然我们生活在淤泥当中，但也是一种"鱼"。不过，我们可是种非常独特的鱼。我们不但用鳃呼吸，还用皮肤和直直的肠子来呼吸。平常我们只用鳃呼吸就足够了，但当外界气压低，要下雨时，我们就得用上我们的"秘密武器"了。所以，西欧人才会称我们为"气候鱼"。

■ 泥鳅出水要下雨

气压计是用以测量大气压强的仪器，可用来预测天气的变化，气压高时天气晴朗；气压降低时，将有风雨天气出现。泥鳅素有"活气压计"之称，可称得上是世界上最灵敏的生物"气象员"。

泥鳅是一种常见的野生小鱼类，头较尖，身体呈圆形，有细小的鳞，体表黏液丰富，背部呈黑色有斑点。喜欢栖息于静水的底层，常出没于湖泊、池塘、沟渠和水田底部富有植物碎屑的淤泥表层，对环境适应力强。泥鳅多在晚上出来捕食浮游生物、水生昆虫、甲壳动物、水生高等植物碎屑以及藻类等，有时也摄取水底腐殖质或泥渣。

天气晴朗气压高时，水中的溶解氧增多，泥鳅就安安静静地栖息在水底石缝中。一旦外界气压降低，水中溶解氧减少，它就会浮到水面吸取氧气。如果它暴躁不安，连续地游动，甚至跳出水面时，表明天气变坏要下雨。每逢此时，整个水体中的泥鳅都上升至水面吸气，此起彼伏，故西欧人也称它为"气候鱼"。

此外，当泥鳅的身体漂浮在水面，出现假死现象（一动不动），或是长时间头朝上不沉下去，就表示可能有暴雨来临。而当泥鳅竖直了身体，上下垂直，还剧烈地游动，头部

▲ 泥鳅

呼吸功能。当水中氧气缺乏时，只用鳃呼吸就满足不了生活的需要，这时，泥鳅就会把脑袋伸出水面用口直接吸入空气，并暂时用肠子代替鳃进行呼吸。泥鳅的肠子与普通鱼的肠子不一样，它的肠子把食道和肛门连在一起，形成一条直管，而且薄得像肠衣那样透明，上面布满了毛细血管。这条直来直去的肠子，既有消化食物的功能，又有呼吸的功能。当空气被吞到肠子里后，肠壁上的血管就吸取了其中的氧气，剩下的气体和从血液中放出的二氧化碳气体，就从肛门排出。因此泥鳅特爱"放屁"。

不断透出水面呼吸，而且还迅速地将气体由肛门排出，就是预告大风即将到来。

　　泥鳅不停地把头露出水面不是在监测天气变化，而是由于泥鳅不仅能用鳃和皮肤呼吸，还具有特殊的肠

肠呼吸维持生命

　　人们都知道，鱼一旦离开水，鳃就无法获取必需的氧气，一会就因为缺氧而死亡了。但泥鳅具有特殊的肠呼吸功能，忍耐低溶氧的能力远远高于一般鱼类，故离水后存活时间较长。在干燥的桶里，全长4~5厘米的泥鳅幼鱼能存活1小时，而全长12厘米的成鱼可存活6小时，并且将它们放回水中仍能正常活动。

　　在寒冷的冬季，水体干涸时，人们就见不到泥鳅了，它们不是死亡了，而是钻入泥土中，依靠少量的水分使皮肤不至干燥，并全靠肠呼吸维持生命，待翌年水涨，又出外活动。

青蛙："兼职"做得也出色

我们的主要工作是铲除害虫，保护庄稼。但也客串着"天气预报员"的角色。关于这份"兼职"，有人已经为我们总结出了工作规律：久雨听蛙鸣，天气将转晴；久晴听蛙鸣，风雨快来临；雨停听蛙鸣，天气还不晴；蛙大声密叫，大雨快来到。

■ 蛙鸣与蛙色随温度而变

青蛙头背宽扁，略呈三角形，头顶两侧有一对圆而突出的眼睛，视觉很敏锐，能迅速发现飞动的虫子，但对静卧待毙的虫子反倒不敏感。青蛙口内有一个能活动的舌，舌根生在下颌前端，舌尖分叉。捕食时，舌迅速

▲树蛙主要生活在亚洲、非洲的热带和亚热带树林中。

翻射出口外，粘住小虫，卷入口中，常常是百发百中。由于专门捕食蛾、蚊、蝇及稻飞虱等农业害虫，所以青蛙被称为庄稼守护者，除此之外，青蛙还是天气预报员。

有经验的农民能够通过青蛙来辨别天气，因此青蛙被称为"活晴雨表"。有经验的农民们是如何利用青蛙来辨别天气的呢？有两招：首先，听蛙叫。春夏季节，青蛙叫声大而密，预示不久就会下雨。谚语说："蛤蟆大声叫，必是大雨到。"农民只要看到青蛙由水中爬到岸上大叫，便动手做好防雨工作。其次，观蛙色。青蛙皮肤里的各种色素细胞还会随温度、湿度的高低扩散或收缩，从而发生肤色深浅变化。因此，有经验的农民能根据蛙色的变化

▲ 青蛙是水陆两栖动物，绝大部分时间生活在潮湿的环境中。

来测定晴雨。

■ 特殊的呼吸也与温度湿度相关

　　青蛙的前肢较短，后肢发达，趾间有蹼，善于跳跃和游泳。雌蛙体大，行动缓慢，没有声囊；雄蛙体小，口角两边长有一对鸣囊，有增大声音的作用。所以，雄蛙的叫声格外响亮。青蛙平时栖息在稻田、池塘、水沟或河流沿岸的草丛中，有时也潜伏在水里。一般在夜晚捕食。

　　所有哺乳动物都是靠肺部与外界进行气体交换而呼吸的，但是两栖动物，如蛙类等的呼吸方式却大不一样。它们的幼体生活在水中，用鳃呼吸；成体长大后，则在陆地生活或营水栖生活，开始用肺和皮肤呼吸。为了保证皮肤的正常呼吸，必须保持皮肤湿润，因此它们多半栖息在阴暗潮湿的地方。当空气干燥时，青蛙皮肤水分蒸发加快，青蛙须待在水中保持皮肤湿润；而在阴湿多雨的季节，皮肤水分不易挥发，它就跳出水面。蛙的肺则呈空心囊状，在水中生活时游至水面进行呼吸。这些蛙类，虽然也有肺，但其皮肤呼吸显得更加重要，它们通过湿润的皮肤从空气中吸取氧气。一旦皮肤丧失了呼吸能力，只能死亡。蛙的特殊呼吸方式也正是它能够成为"活晴雨表"的主要原因。

兔子：反常进食兆晴雨

我们是夜行性动物，白天睡觉，晚上出门找吃的。如果哪天你看见我们违反了常态，大白天的也出来找东西吃，这并不是我们疯了，而是因为就要下雨了。你肯定会困惑下雨跟我们白天出来找东西吃有什么必然联系，让我偷偷地告诉你，这是因为大雨声会掩盖敌人的脚步声，因此，我们更愿意白天冒险。

■ 白天进食雨要来

人类和猿猴科动物的眼睛是位于正前方的，而兔子眼睛的位置是位于两侧上方。因为人类和兔子的祖先有着不同的生活习性与生活方式，所以眼睛的构造也根据需要而不同。人类的祖先，为了去爬树采果实和分辨果实的色彩，因此需要有良好的视力和分辨色彩的能力。而兔子本身是草食性的，它们不用爬树采果实。兔子最需要的是广阔的视力范围和远视的能力，以避开四周猛兽的袭击。兔子那凸起的双眼，视野十分开阔。兔子的视力范围差不多有360°，因此在后方发生的事，它们也可以看见。兔子还可以看见很远很小的东西，包括人类肉眼看不见的东西。

不过同人类一样，兔子每只眼

▲ 这是生活在坦桑尼亚塞伦盖蒂国家公园的一只大草原野兔，它听到陌生的声音时会竖起长长的耳朵，眼睛睁得很开，警惕着危险。一般来说，野兔会凭借极快的速度逃脱捕食者，而家兔则会尽快地找到最近的避难所。

▲野兔通常单独活动，主要靠快速奔跑来逃避危险。

晴向着前方的位置，也有一个小盲点。这个盲点阻碍了它们看到立体的影像，因此兔子是看不清楚在它们正前方、近距离的东西的。为了弥补其不足，它们有一个灵敏的鼻子，兔子用好的嗅觉去感觉正前方靠近自己的东西。兔子生活在一个由气味统治的世界里，它们微微颤动的鼻孔，时时辨别着空气中的各种气味，帮助它们辨认同类中的亲与疏，标明领地的界限。这种混杂的气味是由兔子腮腺里的分泌物与它们遍地排泄的尿液混合而成的。

我们见到兔子的时候通常它们都在嚼着东西，尤其是在夜晚，它们最喜欢的食物是草。为什么兔子会不断地吃呢？原来兔子的牙齿可以不断地生长，如果没有适当的磨损，门牙就会向外生长。过长的门牙会让兔子的嘴唇无法闭合，导致兔子无法正常进食，最严重的还会导致兔子饿死。因此兔子要经常吃草帮助磨牙。

每当吃东西的时候，兔子总是要小心翼翼地谛听一会儿。兔子的耳朵又大又长，这样就可以更容易地捕捉声音。耳朵能帮助它更早地听到敌人靠近的声音，这样才能迅速逃跑。但是阴雨天时的哗哗声会把肉食动物行动的声音给掩盖了，同时也降低了兔子视觉和嗅觉的功能。这让极为敏感的兔子充满了不安全感，于是兔子会更改进食时间，为的是能够更好地警戒和防范。于是，人们据此得出结论，兔子在白天进食，就是要下雨的征兆。

时刻警惕环境变化

动荡不安的生活环境，把兔子的感觉器官造就得十分敏感。由于总是处于紧张状态，有时它们会莫名其妙地相互制造恐慌。兔子的尾巴很短，这在有尾巴的动物中非常特殊。可能大家都没有发现，兔子尾巴的底部都是白色的。原来这块白色是为了向同伴发出危险的信号。平时兔子的尾巴都是呈下垂状态的，呈现给大家的只是上面呈褐色的部分。一遇到危险，兔子便翘起尾巴不时向同伴发出报警信号。

即使兔子再小心谨慎，也会有遇到"敌人"的时候。兔子在受到惊扰的时候总是向山坡上奔跑。由于它们的后腿比前腿长许多，因此向上跑能够尽量发挥速度优势。无论是狐狸还是野狗，都无法在这种笔直向上跑的过程中追上它们。兔子在逃命的时

腮腺

哺乳动物有三对较大的唾液腺：腮腺、颌下腺和舌下腺，另外还有许多小的唾液腺。其中腮腺为最大的一对，位于下颌角处。唾液腺分泌浆状、有黏性的唾液，经导管进入口腔，具有润湿口腔黏膜、稀释食物和分解淀粉的功能。

候，它那一跳离地的方式非常令人惊异，瞬间就可以将身躯伸展成一条直线，跳跃离地之后还可以让后腿在落地之前向前移动，高过头部。落地后，全身呈蜷伏状，两个前肢一前一后着地，两后肢瞬间同时着地，并超越前肢的落地点，而同时前肢离地。这样兔子就像弹簧一样蜷曲成卷盘，然后又松开作大跳跃。每一次的跳跃都有几米远，兔子就这样蹦跳如飞，转眼间就可以飞奔逃离危险。

功不可没的"特种兵"

"飞鸟防空兵"

谁能想得到我们小飞鸟有一天也能入伍，为国家服兵役？当然，这种荣耀也是我们的敌人——飞机给的。它要是不存在，我们也不会受到如此的"礼遇"。要问这中间究竟有什么关系，很简单啦，我们可以成为"鸟体炸弹"来对付敌机。

■ "鸟兵"制敌

飞鸟与高速航行的飞机相撞，会像子弹一样击穿机身，使飞机坠毁。第一次鸟撞飞机造成的飞行事故发生在1912年，现在全世界每年约发生1万起鸟撞飞机事件。军用飞机因其速度快，所以与鸟相撞的机会多，而且损失惨重。据统计，荷兰空军1/3的事故是鸟造成的；美国空军的鸟撞飞机事件每年多达700多起，每年由此带来的修理费用和飞机停飞所造成的经济损失约为1～10亿美元，同时飞行员和乘客的人身安全受到严重威胁。

小小飞鸟为什么能够对飞行中的飞机造成如此大的危害呢？鸟的飞行速度当然没有飞机快，但当鸟与飞机相向飞行时，它们之间的相对速度就会很大。在碰撞的瞬间时间又极短，约为3毫秒，机鸟相撞作用于飞机上的冲击力几乎相当于一颗炮弹的能量。

▲游隼

▲游隼性情凶猛，即使比自己体形更大的鸟类也敢进攻。所以经过驯养后，可以帮助人们解决很多仅凭人力无法解决的飞鸟撞机危害。

有数据表明，当鸟重0.45千克，飞机速度80千米／小时，相撞将产生1 500牛顿的冲击力；如果与时速为960千米的飞机相撞，这个冲击力将达21.6万牛顿。而且质量为1千克的小鸟在与飞机相撞时的接触面积约为0.02平方米，所以飞机被撞击位置受到的压强就为5.15兆帕。目前的飞机材料大都经受不住如此大的压强。

在飞机飞行过程中，只要鸟类稍微接近发动机，就必然被吸进去。发动机旋转得非常快，速度高达450米／秒，鸟撞击到高速旋转的风扇叶片上，其撞击的能量相当于一辆小轿车高速撞向一道坚固围墙的能量。如果风扇叶片被鸟击断，碎片会随气流向后甩入"核心机"，打坏"压气机"

叶片等零部件，造成更严重的后果。

此外，活塞式发动机飞机的风挡玻璃、机翼也常被鸟撞坏，因此世界各国都采取了许多预防措施。如在设计飞机时，为了预防与鸟相撞，对飞机的风挡玻璃、机身和发动机前沿等部位进行相应防范设计；清除机场周围的杂草、垃圾堆；控制草坪生长不超过10厘米；迁移机场附近的肉店、餐馆、居民区；排干池塘积水等。有的机场甚至还使用鸣笛、施放恐吓弹、雇用猎人枪杀或诱捕飞鸟等措施，但是都收效甚微。

鸟给飞机带来了大麻烦，但这却给军事防空带来了"福音"。在军事专家的多方讨论下，决定将飞鸟纳入军队，由于人们都知道了飞鸟与高

▲ 游隼

捕猎技巧却让人们为之震惊。大多数时候游隼都在空中飞翔巡猎，发现猎物时首先快速升上高空，占领制高点，然后将双翅折起，使翅膀上的飞羽和身体的纵轴平行，头收缩到肩部，以每秒钟75～100米的速度，呈25°的角度向猎物猛扑下来，德国动物学家曾用速度记录仪测量它的俯冲速度，呈30°角俯冲时，速度可达270千米/小时，呈45°角俯冲时，速度更是达350千米/小时，被称为动物界的"空中子弹"。

速飞行的飞机相撞时飞机会坠毁，而且至今仍没有找到有效的防范手段，这正好是利用飞鸟保卫领空的最佳时机。于是，现在一些国家培训了"飞鸟防空兵"，在敌军可能空袭的重要军事目标的上空及其附近空域，放养大量飞鸟，利用这些"鸟兵"来阻击敌机。军事专家认为，在某些情况下，这些"鸟兵"所起的作用，比派机群迎击敌机更有震慑效力。

■ "鸟兵"克星——游隼

由于鸟敢于撞击飞机而声名大噪，并被引入部队当上了"防空兵"。但是，再完美的事物都有弱点，何况是小鸟，总有一物降一物，只不过需要人们细心去发现。

加拿大首先发现可以用来制伏鸟类的猎鹰——游隼，游隼是一种只有乌鸦大小的猎鹰，但是它极速俯冲的

自从加拿大运用游隼后，大大减少了鸟与飞机相撞的事件。1976年多伦多国际机场鸟与飞机相撞事件有47起，使用游隼第二年只有22起，1978年减少到10起，近几年来仅有极少量鸟撞飞机事件。这种方法很快被荷兰、美国、英国等军队采用，效果极好。如英国皇家空军在露西莫斯机场使用这种方法，鸟撞飞机事件几乎减少了一半。

在飞行员和乘客欣喜之余，军事专家苦恼了，因为"鸟兵"有了克星，军事战斗中的威慑效力就会有所减弱。当然，这并不妨碍它们继续为军队效力，只是要小心它们的天敌。

鸽子通信兵

我们很早就开始为人们传情报信，但真正参战却是在第二次世界大战期间。我们英勇的前辈后来还被授予了奖章，死后又被制成了标本，陈列在皇家军事博物馆里，供人类悼念。如今，随着通讯的发达，我们没有必要再做"信使"，但任务却更加繁重了。比如，我们有的被训练成了"微型轰炸机"，有的则被训练成了携带照相机的"侦察兵"。

■鸽子参加二战

鸽子是人们心目中的和平信使，早在汉代张骞出使西域时，就不断放飞信鸽向朝廷报告西行情况，与中原保持着联系。可以说，张骞出使西域的成功，也有鸽子的一份功劳。

鸽子正式参战是第二次世界大战期间，在意大利战场上，英军第56步兵师准备夺取德军占领的科尔维·韦基亚基地。因德军防守坚固，英军担心攻克不下而受挫，就请附近的美国空军进行空中支援，轰炸科尔维·韦基亚基地的德军阵地和军火库。

电报发出后，美国空军答应空中

支援，并确定了轰炸时间，可是，英军的一个旅在激战中已突入德军基地。这个旅与德军正处于相持状态，战线犬牙交错，敌我难分。如果按计划进行轰

▲ 一群鸽子从英格兰东部的一节车厢里放飞，返回英格兰东北部的营巢地。英格兰人对赛鸽的热爱非常出名。

炸，势必殃及英军的这个旅。

指挥部只好电告美国空军取消空中支援的计划，放弃对基地的轰炸。可是，在这个关键时刻，电报尚未发出，电台却被敌军的炮火摧毁。就在这个紧要关口，一名通信兵想出了一个办法。他放飞一只美国信鸽，带着56师师长签署命令的信件飞向美国空军基地。

20分钟后，这只鸽子飞到美国空军基地，及时解除了马上就要执行的轰炸命令，从而避免了一次自相残杀的战斗。战后，这只鸽子被光荣地授予了奖章。它死后被制成标本，颈上挂着那枚奖章，被陈列在英国皇家军事博物馆里。

▲科学家将鸽子置于人工光线条件下，使实验的拂晓时间早于或晚于实际的天亮时间。结果，放飞的鸽子失去方向感，沿着错误的方向飞行。但如果人工条件与实际日出保持一致，那么它就会沿着正确的路线飞行。

■爆破和侦察能手

今天，世界各国的军鸽基本都退役了。瑞士是世界上唯一有军鸽服役的国家，其军队共有4万羽鸽子。

现代军鸽不再执行单一的通信任务，而是训练它们完成特殊的使命——带着轻便的爆炸装置，飞向敌方阵地或敌人控制区。当这些鸽子落在敌方的输电、通信线路或雷达天线上时，爆炸装置会自动脱落而吸附在线路上。鸽子起飞后爆炸装置就会爆炸，使电路中断，以破坏敌人的输电、通讯线路或雷达的正常工作。

当鸽子没完成任务带"弹"返回时，控制中心发出的无线信号可以阻止爆炸装置脱落并锁上保险。专家们称这样的军鸽为"微型轰炸机"。

以色列利用军鸽携带先进的微型照相机，飞到敌方阵地上进行拍摄。这种超低空拍照由于是近距离、多角度的"特写"拍摄，所以效果很好，要比人造卫星、无人侦察机等照相手段的分辨率高出数倍甚至几十倍，而且容易判读。当然，最重要的是这种侦察手段不易被敌方发觉，即使发觉也难以拦截。

军犬上前线

在第二次世界大战中，我们英勇的"敢死队队员"忠诚地服从于指挥官，情愿做了"肉弹"，为斯大林格勒战役的胜利立下了汗马功劳。当然，并非全体成员都是"肉弹"，其他成员在不同的岗位上也发挥着不可替代的作用，我们一起书写了只属于我们的战争军犬史。

■ "军犬敢死队"

军犬是在军队中服役的犬的统称。军犬是一种具有高度神经活动功能的动物，它对气味的辨识能力比人高出几万倍，听力是人的16倍，善于在夜间观察事物。经过训练后，军犬可担负追踪、鉴别、警戒、看守、巡逻、搜捕、通信、携弹、侦破、搜查毒品、爆炸物等任务。军犬"参战"的历史和人类战争史一样久远。

1942年7月，德国法西斯为迅速打败苏联，集中了150万人的兵力，向苏联发动疯狂进攻。他们每天派出上千架次的飞机，不停地轮番对斯大林格勒进行狂轰滥炸。轰炸刚一过去，成

▲ 世界著名的警犬有多个品种，我国的昆明犬是一种比较著名的军犬犬种。

群结队的坦克，又向苏军阵地发动猛烈的冲锋。在这紧急的关头，只见一条条军犬从那些炸塌的楼房废墟中冲出来，闪电般冲向迎面驶来的德军坦克，然后是"轰隆"一声巨响，火光冲天，德军的坦克被炸毁，军犬也同归于尽。原来，这支军犬部队是斯大

林格勒保卫战的苏军指挥官朱可夫元帅专门用来对付德军坦克的"军犬敢死队"。当时，德军妄图一举攻下这座具有十分重要的战略意义的城市。先后调集了"A"、"B"两个集团军群，50个师的兵力（含1个坦克集团军）来进攻。而当时守卫这座城市的苏军，既没有足够的反坦克武器，也没有相匹敌的坦克进行防御。正当朱可夫元帅发愁的时候，苏军警犬学校及时提供了500多条"携弹犬"。这批军犬经过专门训练，能自带弹药去对付敌人的坦克。

朱可夫将这些狗作为秘密反坦克武器部队，组成了4个反坦克军犬连，每连有126条受过特殊训练的军犬。作战时，"携弹犬"带上炸药去同敌人的坦克拼命。共炸毁德军坦克300多辆，约占整个斯大林格勒防御战役击毁德军坦克总数的1/3。军犬对战

▲作战凶猛勇敢的军犬

役的胜利，起到至关重要的作用。

■无畏的"战士"

第二次世界大战中，美军也使用了大量军犬，仅美国海军陆战队的战斗序列中就有465条军犬。这些军犬在太平洋战场和欧洲战场都发挥了重要作用。它们站岗放哨，给巡逻兵带路，探察洞穴、地雷和其他爆炸物，搜索敌军的狙击手和伏兵，拯救了无数美国人的生命，为消灭敌人立了大功，是无所畏惧和忠心耿耿的"战士"。

从欧洲大陆到太平洋诸岛，不管是诺曼底滩头还是巴布亚新几内亚的沼泽地，都留下了军犬的足迹。在硫磺岛战役中，美军动用了7队军犬，每队20条。在关岛战役中，有将近350条军犬参战。在战斗中，有25条军犬牺牲，一些军犬表现得比它们的主人更加勇敢。军犬霍珀在关岛带领一队海军陆战队队员沿着一条狭窄的小路搜索前进。前面出现了日军的营房，陆战队员个个退缩不前，只有军犬霍珀不顾眼前的危险继续前进。陆战队员很快发现，眼前的日本兵都死了，他们的尸体摆出活人的架势，是为了吓人的，只有军犬霍珀没有上当。

海狮入海军

因为潜水能力优异且运送货物相比海豚来说更加容易，我们被选中了来做海底打捞工作。可别小看了这份职业，它可是跟极机密的航天和导弹技术试验有关。

"海中狮王"

海狮是一种十分聪明的海兽，叫声极像狮吼，且个别种颈部长有鬃毛，因而有"海中狮王"之称。经过驯养之后的海狮，可以表演顶球、前肢倒立行走、跳跃距水面1.5米高的绳索等技艺。海狮的胡子比耳朵还灵，能辨别几十海里外的声音。

海狮也是一种海洋哺乳动物，它们具有和其他的哺乳类动物一样用肺呼吸、恒体温的特征。用肺呼吸使它们不但善于游泳，还善于潜水，只是每隔一段时间需要浮出水面换气。体温恒定能够使它们更好地保持体温，防止体热过多的散失。因此它们可以生活在很冷的水域。

与其他哺乳动物不同的是，因为长期生活在海洋中，它们具备了流线型的身体且前肢特化为鳍，能够在水中快速地游泳。更为特别的是，海狮的后脚能向前弯曲，使它既能在陆地上灵活行走，又能像狗那样蹲在地上。因而，人们牵着它们很轻松，很像牵着狗。

现在，人们对海洋哺乳动物的

海洋哺乳动物

海洋哺乳动物指一些长时间在海里生活，或需要靠海洋资源为生的哺乳动物，通常被称为海兽。一般包括鲸目（如鲸、海豚）、鳍脚目（如海狮、海豹、海象）、海牛目（如儒艮、海牛）的所有动物，以及食肉目的海獭和北极熊。

潜水能力、游泳速度、回声定位、体温调节和发达的智力都越来越重视。海洋哺乳动物不再只是人们喜爱的观赏动物，驯养海洋哺乳动物为军事和潜水作业服务，进行人和动物的"对话"，充当海洋牧场的"警犬"等工作，不少国家已在尝试。

■ "海底侦察兵"

随着航天技术和导弹技术的发展，从太空返回地球而又溅落于海洋里的人造卫星，以及向海洋发射导弹的溅落物，需要找回来加以分析研究。然而海阔水深，在海底寻找这些溅落物十分困难，而且水深超过一定

▲ 这是一只加州海狮，它的躯体柔韧易弯，口中正含着一只多刺的海胆。它的食物种类非常广泛，包含很多鱼类、乌贼和其他无脊椎动物等。

限度，潜水员也无能为力。可是海狮却有高超的潜水本领，它们有能力完成这项任务。

1969年美国海军利用海狮进行了一次代号为"快速搜寻"的综合试验。发现海狮在驯养方面比海豚更简单，运送货物也更容易，比海豚潜得更深。美国海军专家利用海狮特别喜欢吃鱼和乌贼的习性，对它进行打捞训练。初步测试后，针对海狮在听觉灵敏度、接收回声的能力、游泳速度、辨别方向的本领等方面存在个体差异的特点，训练员为海狮制订了训练计划。

开始训练时，训练员必须同海狮培养起一种亲近友善的感情，使海狮认识主人，这对于保证训练成功极为重要。海狮是很讲义气的动物，有时会像小孩子见到父母一样亲近地和训练员亲吻。接下来便进入关键阶段，让海狮理解训练员的意图，按训练员的指令去寻找目标。最后进入实习阶段，研究人员在海狮身上安装一个微型声波发射器，并在它的嘴上套了一只特制的夹子。夹子上系着一根尼龙绳，绳子另一端系在水面的工作船上。海狮利用它特有的水下听觉，轻而易举地发现目标的方位。经过训练的海狮一游近目标，就能把原来套在它嘴上的夹子挂在目标物上。海狮完成任务后，通过尼龙绳向工作船发出

▲海狮

信号，当人们接到海狮传来的完成任务的信息，便可轻而易举地测出目标物的方位。

经过训练的海狮能朝着沉没物体潜游达230米深。沉没物体发出音响信号，海狮能在550多米的距离听到。海狮听到沉没物体的指向标的声音后，即用头顶一下装在快艇底部的橡皮信号器，向人们表示已收到声音信号，然后将物体拖上来。例如，美国海军特种部队中的一头海狮，在一次执行任务的过程中，在一分钟内将沉入海底的价值10万美元的火箭取上来。现在，美海军把训练有素的"海底侦察兵"正式编入近海作战部队，专司潜水打捞。

此外，试验的成败完全取决于海狮与训练员之间的合作。训练员一定要掌握海狮完成任务的"最佳时刻"，因为海狮经常会要"小孩子脾气"：它高兴时，能和训练员默契配合，顺利地完成任务；当它不高兴或发脾气时，就会变得很犟。当然，失误的情况也偶有发生。不过，在大多数情况下，训练有素的海狮都能出色地完成任务。现在，海狮已成了美国海军和海洋研究机构进行海底打捞和试验的重要助手。

战马功劳大

冷兵器时代，我们是战争中不可替代的军事装备之一，有了我们，军队的战斗力就提高了无数倍。我们的那个明星前辈——赤兔的故事，至今还在民间广泛流传。我们的盛世虽然早已经成为历史，但在赛场上还是可以见到我们当年的雄姿的。

■ 骑兵的亲密战友

马具有驮力、挽力和快速机动能力，是人类较早利用的牲畜。中国是世界上的"战车王国"。马参战最初是用来挽车。马拉战车是当时陆军的主要兵种和主要突击力量。车战的规模小者数百乘，大者上千乘。春秋战国以后，北方匈奴的骑马技术改变了商周时代马拉战车的作战观念。单骑灵活，速度快，在作战时能出其不意地攻击对方。骑兵的出现是一场武装革命，也有力地推动了养马业的迅速发展。秦、汉、唐三代前期，大量养马成为巩固边陲、富国强兵的有效手段，也是国力强盛的标志。汉初，汉高祖就曾劝民养马，增强物力，以迅速恢复战争的创伤。

三国时期骑马作战风靡于世，流传出许多战马与名将的动人故事。当时有一尽人皆知的名驹——赤兔马，它全身毛色火炭似的红亮，且悟性极高。它的主人吕布骑术高明，人也潇洒，他乘上赤兔马，能"行走如风，驰域飞堑"，素有"人中吕布，马中

▲ 马奔跑。

▲在冷兵器作战时代，参战双方骑兵的数量、战马的品质，对战争结果有很大的影响。

赤兔"的说法，后来吕布被曹操俘杀，赤兔马成了曹操的战利品。曹操击破刘备后，实在欣羡关云长为人的忠诚和磊落，接受了关云长降汉不降曹的条件，并把赤兔马送给关云长。此后，它就驮着关云长南征北战，屡建奇功。

唐代的重马之风更甚。唐太宗李世民骑术精湛，曾多次征战南北，冲锋陷阵，极大地鼓舞了士气。同时唐代的军队马术训练非常严格，有一种"透剑门伎"，表演者纵马从利刃林立的门中疾驰而过，而不伤分毫，令人惊叹。

公元13世纪，成吉思汗的名驹和他率领的铁骑，声名显赫，以席卷之势横扫了几乎整个亚洲和东欧。在蒙古骑士那里，人与马的结合可谓达到了完美的境界。忽必烈统一中国后，

曾铸有骑马持刀像的银币，以体现蒙古骑兵征服中原、统一河山的气魄和胆略。

随着武器装备现代化的日益发展，马作为一种主要军事力量的历史已经成为过去。但马昂首奔腾、一往无前的气度，却将永远被视为勇敢无畏的象征。

■入伍优势

作为古代战争中不可替代的军事装备之一，马自然有着它无可比拟的优势。

马的四肢长，骨骼坚实，肌腱和韧带发育良好，蹄坚硬，能在坚硬的地面上迅速奔驰；汗腺发达，有利于调节体温，不畏严寒酷暑，容易适应新环境；胸廓深广，心肺发达，适于奔跑和强烈活动；食道狭窄，盲肠异

▲ 赛马

其他感知器官毫无觉察的情况下，嗅觉已经可以完全接收到外来的信息，并迅速作出反应。尤其是那些近距离的陌生物品或动物，马通过鼻翼扇动、短浅呼吸，吸入更多的新鲜气味信息，就可以对外来事物进行辨别，从而决定对策。在野外生存

常发达，有助于消化吸收胡萝卜、青玉米、苜蓿草等粗饲料。

一般的动物，两只眼睛都长在最前面，这样可以最快地看到正前方的物体，这样的眼睛有一个弱点——只能看到身体前方的情况。但马的眼睛却很不一样，长在两侧，这样视野极宽，可以同时看到四周的情况。这两只眼睛看东西时是独立行事的，一个物体开始可能只被其中一只眼睛看到，然后第二只眼睛才看到。因此即使是静止不动的物体，在马看来也是跳动的。这也解释了马为什么很容易受惊。

马的视力不好，因为两眼视线重叠的部分只有30°，看东西立体感很差，但马的听觉十分发达，这是对视觉不良的一种补偿。发达的嗅觉是其识别外界事物的主要方式，在听觉和

或行走的马，也主要依靠嗅觉辨别大气中微量的水汽来寻找几千米以外的水源和草地，还可以辨别草原上的有毒植物。马还根据粪便的气味，找到自己的同伴，避开猛兽和天敌。

一般的动物都在晚上睡觉，而且都是躺着，但是马的睡眠方式却非常特殊，它们睡觉不一定非在晚上。要是没有人打扰，它可以随时随地睡觉，站着、卧着、躺着都能睡觉。这很适合灵活机动的战争需要。而且马属于好动的动物，它与食肉动物相反，休息和睡眠时间很短。成年马平均一昼夜只需6小时左右的睡眠，深睡只用2小时，多在破晓之前。

此外，马有很强的竞争心理，赛马就是利用了马的这种心理。因此在战争中，许多马并不是倒在枪林弹雨中，而是累死在战场上的。

身手不凡的"保安员"

狼蛛：会用毒的"看守"

因为我们长着狼毫一样的毛，外表冷酷且生性勇猛，被人们赐名"狼蛛"。又因为我们毒性剧烈，刺人之后，能使人失去常态，只知疯狂地跳舞。因此，被有些有头脑的店主用来看守商店，成为专职的"保安员"。

■ "冷面杀手"

伦敦一家大商店的老板利用人们害怕毒蜘蛛的心理，每晚在店里放出两只毒蜘蛛当"看守"。从此，盗贼再也不敢光顾。美国旧金山有一家珠宝商店，过去屡遭抢劫。店主在橱窗里贴出布告："这里有狼蛛值班！"该店租用毒蜘蛛当"保安员"，租金比租一条警犬便宜得多，而且从此再未发生过一件失窃案件。

狼蛛背上长着像狼毫一样的毛，因此得名。它们奇特地生有四个眼睛，在昆虫界有"冷面杀手"的称号，因为一些狼蛛毒性很大。狼蛛很好斗，而且像狼一样能跳善跑、行动敏捷，尤其是在发情或地盘被侵略时会变得十分凶猛。据意大利人说，狼蛛的一刺能使人痉挛而疯狂地跳舞。要治疗这种病，除了音乐之外，再也没有别的灵丹妙药了，并且只有固定的几首曲子能治疗这种病。当然，这种传说听起来有点可笑，但仔细一想也有一定的道理。狼蛛的刺或许能刺激神经而使被刺的人失去常态，只有音乐能使他们镇定而恢复常态，而剧烈地跳舞能使被刺中的人出汗，因而把毒驱赶出来。其实，它们并不像传说中的那样可怕，只要人们捉拿方法得当，它们甚至是很温柔的，因此把狼蛛当作宠物饲养的人越来越多。

■ 追杀猎物一击必中

大家都说狼蛛有毒，这便是它

▲ 狼蛛的螯牙

不出来。有时候这种围墙有几厘米高，有时候却仅仅是地面上隆起的一道边。

狼蛛虽不结网但捕食本领却不小。它们整天守在洞口，目光敏锐、动作迅速。当它们发现猎物后，就悄悄地爬到猎物旁边，趁其不备骤然跃起，将小昆虫抓住，用螯肢咬住，随后排出毒液，将它们毒死，然后吃掉。狼蛛下手必须干净利落，因为它们除毒牙外没有别的武器，不能像条纹蜘蛛那样放出丝来捆住敌人。狼蛛得到它的猎物很不容易，甚至还需要冒很大的风险，因为有着强有力牙齿的蚱蜢和带着毒刺的蜂随时都可能飞进它的洞，它们武器的攻击性与狼蛛都不相上下。因此，它唯一的办法就是扑到敌人身上，把毒牙刺入敌人最致命的地方。生物学家达尔文曾做过几次试验，发现狼蛛的作战手段都极为相似，它总能不偏不倚地用毒牙咬在唯一能一招致对方于死地的地方——猎物头部后面的神经中枢。

最大的罪名，也是大家都惧怕它的原因。不错，它的两颗毒牙可以立刻置猎物于死地，不只能结束昆虫的性命，对一些稍大一点的动物也有足够的威慑力。它可以置麻雀于死地，也可以使体积大得多的鼹鼠毙命。

蜘蛛结网捕虫是人们所熟知的捕猎方式。但狼蛛属于游猎类蜘蛛，它们是不结网的。狼蛛喜欢穴居，它们的居所大约有0.3米深，3厘米宽，是用它们自己的毒牙挖成的，刚刚挖的时候是笔直的，以后才渐渐地打弯。洞的边缘有一堵矮墙，是用稻草和各种废料的碎片甚至是一些小石头筑成的，看上去有些简陋，不仔细看还看

蟒蛇：会看家的"大力士"

我们体型庞大，不高兴的时候连凶恶的美洲狮都不放过。但千万不要以为我们跟其他蛇族类似，以毒牙横行世界。我们不靠这种雕虫小技，我们以"力"服对手。我们的一位前辈曾跟擂台上的大力士搏斗过，当然，最后的结果是这名大力士颜面扫地。一个聪明的南非人，将我们的这种能力发扬光大，于是，我们就干起了新行当——保安。

■ 大蟒"值夜班"

奥地利维也纳城内的一家高级皮鞋店，主人"雇用"了一条大蟒来"值夜班"。这名大蟒保安员十分忠于职守，从未轻易放跑过任何一名窃贼。有一次，它同曾是擂台大力士的盗贼搏斗了几小时，其身躯犹如一把铁钳子，死死缠住歹徒不放。最后，这位擂台高手因精疲力竭而俯首就擒。

据说发明"蟒蛇保安法"的是南非地区一个叫凡尼的农夫，事情出于偶然。凡尼家附近的农庄经常被人偷窃，唯独无人光顾他家。后来，他才明白那是因为他在家里养了70多条蟒蛇，窃贼望而却步，就这样，他想出了保安妙法——只要在空屋内放上4条蟒蛇，就能确保安全，每条蟒蛇租金10美元。事前，凡尼把大蟒喂饱，放进屋内，以后置之不理，因为蟒蛇经得起饿，可以数月不饮不食，直到屋主旅行归来，才把蟒蛇带走。凡尼的保安服务，从未失过手，生意越来越好。不久，这种蟒蛇保安业逐渐发展到印度、泰国等一些东南亚国家。那些举家外出旅游、无人看管的房舍，常有窃贼光顾。现在，这些人家只要租几条蟒蛇放在家里，再在门外钉个牌子，写上"内有蟒蛇，生人勿近"便可万无一失。

■ 先杀后吞

蟒蛇也叫蚺蛇，体形巨大，我国最大的蟒蛇长7米，重60千克，蟒蛇不像毒蛇那样，先用毒牙流出的毒液毒死猎物再吃掉，而是先咬住猎物，再用它那巨大的身躯缠住猎物，不断地用力，直到把猎物勒死，最后不紧不慢地吞下去。在南美洲的丛林里，巨大的蟒蛇甚至能吃掉凶恶的美洲狮。蟒为什么有这么大的本领呢？

原来，蟒蛇的头部有与开合有关的骨骼，和其他动物不同，首先，它的下颌可以向下张开得很大，因为它的头部接连下颌的几块骨头是可以活动的，不像其他动物那样与头部固定不动。其次是它们左右下巴颏之间的骨头，连接可以活动的榫头，左右以韧带相连，可以向两侧张开，因此蟒蛇的嘴巴不但上下可以张得很大，而

▶蟒蛇有缠绕性，在天气晴朗时，常常将身体攀缠在树的枝干上晒太阳。

且左右也不受限制，这样就可以吞食比自己的嘴还大的动物。此外，它们吞食前还要将动物挤压成长条，吞咽时又靠钩状的牙齿帮助，把食物送到喉头。而它们的胸部又没有串联住肋骨的胸骨，这样肋骨就可以自由活动了，所以从喉头下咽的食物，可以长驱直入地进入肚子内。在这个过程中它们分泌出的大量唾液充当了"润滑油"，使蟒可以吞下比它身体还粗，比它的头还大的动物。

更可怕的是，一条又聋又瞎的蟒还是能够准确地缠死猎物。这是因为蟒的嘴唇是最敏感的热感器。它们能感觉出一个物体和它的环境之间千分之一度的温差，并且能以几乎相同的精确度，判断出这个物体所在的方位和距离。因此，在完全黑暗的情况下，蟒仅仅依靠嘴唇对猎物体温的感觉，就可以发现猎物并杀死它们。

鳄鱼：敬业的"保镖"

我们的凶猛在自然界是出了名的。因此，一些有头脑的人，便开始借助我们的威名来对付光顾的窃贼。连银行系统都聘请我们来看守保险箱。如果我们不敬业，哪来这样的好机会？

■直扑歹徒

一看到鳄鱼可怕的模样，人们都会望而生畏，生怕这些大型而恐怖的动物会对人类进行攻击。利用人类对于鳄鱼的恐惧，已经有许多人开始聘用鳄鱼当"保安"了。

美国纽约州有一位叫卡尔·曼尼的商人，他精心训练了一条鳄鱼，作为他的保镖。外出时，卡尔·曼尼把鳄鱼装在一个大布袋里，放在他的卡车上。一旦遇到危险，如碰上拦路抢劫的歹徒，只要曼尼一声令下，鳄鱼就会张牙舞爪地冲出布袋，直扑强盗。美国还有一个商人，在院子里养了5条鳄鱼做护卫，多年来，他的仓库、房间从未遭到窃贼袭击。

奥地利达尔维市的一家银行的地下室里，除了安装了现代化的警报系统外，还"聘请"一条大鳄鱼守在装钱的保险箱旁。

实际上绝大部分鳄鱼都不吃人，

▼美洲短吻鳄在7~10岁时达到性成熟。虽然它们拥有自己的领地和成群的"妻妾"，但大部分雄性在15~20岁时才开始第1次繁殖。

只有尼罗鳄和湾鳄才吃人。尼罗鳄向来以凶猛著称，它们会捕食各种各样的动物和人。湾鳄是世界上最大的鳄鱼，它的体长超过10米，体重可以达到1000千克。湾鳄异常狡猾，而且非常凶猛，它经常会假装成沼泽地中的一块烂木头来吸引猎物。猎物一上钩，湾鳄就迅猛地用它那强而有力的大嘴咬住猎物，将猎物的肉撕碎，然后再开始享受美味。

▲ 尼罗鳄

▪ 摆尾绝招

鳄鱼是爬行动物，照理说鳄鱼的四肢粗大有力，腹部肌肉发达，应该既可以在陆地上爬行，也可以在水里游动。但是却因为四肢太短，而无法在水中游动。这时，它的尾巴便显示出了优越性，在水里，鳄鱼的尾巴成了它唯一的游泳器官。扁平的大尾，在水中犹如一支船桨，划着推动鳄鱼前进。在陆地上，鳄鱼的尾巴可以支撑其身体，还是袭击猎物和敌人的武器。但是同时鳄鱼也为自己的这条大尾巴付出了代价，无论鳄鱼的四肢多么强健有力，在陆地上它的爬行只能维持很短的距离，长距离的爬行十分费劲，这全是因为尾巴的拖累，因此它只能一辈子依仗着这条大尾巴在水中称王称霸。

成年鳄鱼经常在水下生活，只有眼睛和"勇往直前"的长鼻子露出水面，当它们在水中游动时，其他动物根本无法发现它们，这种生活方式有助于它们伏击那些下河饮水的动物。鳄鱼打斗凶猛暴戾，常常一动不动地伏在河边，等牛、鹿和羚羊到河边来喝水，它就会猛地一摆尾巴，将它们打倒，再拖入水中吃掉。鳄鱼的这一招，连狮子对它也无可奈何。

当然，鳄鱼在与旗鼓相当的对手进行博斗时，才有可能使用它那粗壮有力的大尾巴。如果没有足够的把握扫倒猎物，鳄鱼是不会轻易出手的，因为鳄鱼的尾巴虽然粗壮有力，猛扫过去足以击伤被捕捉的目标，但鳄鱼追击猎物的速度较慢，如果受伤的猎物爬起来后拼命逃窜，到口的食物就有可能跑掉。

鸵鸟：称职的"警卫员"

敌人追捕我们，在逃跑的过程中，我们会将头埋进沙土中。敌人就以为我们这是在自欺欺人，是傻鸵鸟。其实呢，这是你们的主观偏见。我们之所以这样做，是为了迷惑敌人，趁其不备来一招腿功，猛然将这坏家伙踢翻。因为我们会"跆拳道"，所以，牧场"请"我们来做巡查警卫。

■ 遇敌猛踢

自然法则是无情的，只能适应而不可抗拒。随着鸟类家族的繁盛以及逐渐从水栖到陆栖环境的变化，在适应陆地多变的环境的同时，鸟类也发生了对不同生活方式的适应变化，出现了水禽、涉禽、游禽等多种生态类型，而鸵鸟是这么多种生态类型的另一种类型——走禽的代表。鸵鸟的祖先长期生活在空荡的沙漠中，如果硬撑着空荡荡的肚子在沙漠上空飞翔，而不愿脚踏实地在沙漠上找些可吃的食物，可能早就灭绝了。

谁也无法预料，多年后的今天，鸵鸟脚踏实地"走"的本领给它们谋得了一份差事——保安员。南非开普敦牧场"请"了一只鸵鸟担当牧场警卫，这种大鸟奔跑速度快，两脚刚劲有力，只要它发现形迹可疑的人走近羊群，就会撒腿飞奔过去，查看"敌情"。如来者确实"不善"，它就会用腿猛踢直至把此人"打走"为止。无独有偶，美国有一家工厂也起用鸵鸟看守一个堆放旧汽车的场院。

■ 脚力惊人

人们不禁会质疑，鸵鸟不能飞，用它当保安员速度够快、够安全吗？千万不要小看鸵鸟，鸵鸟是当今世界上最大的一种鸟。它们放弃了飞行能力，长成了巨人般的身材，身高达2～3米，从它的嘴尖到尾尖长度有2米，体重90千克左右。鸵鸟的翅膀已经极度退化，小得与它身体的其他部位极不相称。非洲鸵鸟这么重的身体，靠它那对长着几根羽毛的翅膀根本是飞不起来的。

另外，鸵鸟的飞翔器官与其他鸟类不同，这是它不能飞翔的另一个原因。鸟类的飞翔器官主要是由前肢变成的翅膀、羽毛等，羽毛中真正有飞翔功能的是飞羽和尾羽，飞羽长在翅膀上，尾羽长在尾部，飞羽和尾羽扇动空气使鸟类腾空飞起。而鸵鸟的羽毛既无飞羽也无尾羽，想要飞起来就无从谈起了。

鸵鸟虽不会飞，但在两条腿的动物中，跑得最快的是鸵鸟，甚至刚出生不久的小鸵鸟就能快速地奔跑。鸵鸟奔跑的速度可达65千米／小时。它的腿迈出的步伐非常大，一步大约有4.6米。鸵鸟甚至能跑过四条腿的食肉动物，比如狮子。而且鸵鸟不易疲倦，可以全速奔跑20分钟以上。

别看鸵鸟的腿细而且长，可支撑着鸵鸟硕大的身躯毫不费力。鸵鸟的腿与其他鸟类的腿结构有些不同，它正好支撑在身体重心的垂线上，并且呈微屈状。腿部几乎没有羽毛，这些特点有利于它在奔跑中减少阻力，并及时散热。鸵鸟的后肢发达有力，这也保证了它可以在沙漠里奔跑生活。腿部肌肉主要集中在上部，与躯干紧紧靠近，储存能量的筋腱一直延伸到大腿的根部，这样它每向前迈出一步，并不需要花费多少力气。它的两条腿的蹬踏能力是鸟类中最强的。因此，鸵鸟的脚力很大，大脚迈出可以击伤人。

▼一群鸵鸟疾驰穿越纳米比亚境内几乎为一片银白色的埃托沙盐沼。对鸵鸟来说，要在这片到处都有行动敏捷的肉食动物出没的大陆上生存下来，具备快速奔跑的能力无疑至关重要。

白鹅："管家守业"

相对于狗，我们看家更忠于职守。一来是因为我们的听力异常灵敏，一有个风吹草动，我们立即惊起，伸长脖子"嘎嘎"叫。二是我们不接受窃贼的"贿赂"。不像狗那样，别人给块肉就容易失去"原则"。

■ 屡立战功

充当保安并非一定是高大有力的动物，一般家禽只要有"天赋"都可以训练"成才"。英国的瓦兰庭公司是著名的威士忌酒公司。它有一个面积很大的储酒仓库，存有1.3亿千克的30年高级醇酒，价值3亿英镑。管理这个酒库的工作人员为防止偷窃而煞费苦心。起初，他们曾考虑饲养10条警犬担任警卫，但因警犬耗费昂贵而作罢，最后决定饲养90只白鹅担任这一职务。一有动静，

白鹅就会立即醒来，如果发现"越境者"，便群起振翅引颈大叫，管理人员也会闻声前来照管，"窃贼"只好溜之大吉。白鹅夏天在园里吃草，冬天吃酒糟，经济环保，20年来，仓库一次也没有被盗窃过。

鹅出众的保卫能力在军界早已为人称道。公元390年，罗马城被高

▲ 绝大部分鹅都善于浮水，有些还擅长潜水。

卢人攻克,罗马军队退守到卡匹托林山。一天夜晚,高卢人登山偷袭。当晚,罗马士兵都因疲惫而熟睡,连狗也没有发觉敌人潜入营地。在这危急关头,兵营中的数十只鹅敏感地扑打翅膀,"嘎嘎"高叫不止,终于惊醒了罗马守军,士兵们立即持兵器击溃来袭之敌。原来,这数十只鹅是准备第二天送到神殿敬献女神的,却反而救了罗马士兵的性命。罗马人忘不了鹅的救命之恩,自此之后把鹅奉为灵禽,罗马的权威团体"元老院"还作出严禁杀鹅的戒规。

1986年,美国在联邦德国的3个军事基地和陆军保安部门,成功地用鹅代替人警卫、巡逻,作为早期警报系统加以使用,随后又在30多个军事设施地用鹅担任警卫。

■ 群起而攻

鹅的个子大、脖子长,勇敢好斗。它们的地域观念浓厚,爱群居,它们不停地喧闹,这样就不会与众鸟分散,不至于找不到同伴。生物学家研究发现,鹅的听力异常灵敏,甚至超过狗,能和电子设备媲美。鹅在夜间轮换值岗,一旦听到异常声音,整个鹅群都会惊动,伸直脖子发出此起彼伏的"嘎嘎"叫声,并气势凶猛地追啄陌生人不放,更难能可贵的是,

▲ 白鹅

它们不会因食物的引诱而轻易接受窃贼的"贿赂","擅离职守"。如此聒噪的群鹅,当然是最理想的活动报警器。

鹅是杂食性的家禽,通常集合成一大群在陆地觅食,尤其喜食青草。鹅的喙呈三角形,边缘有锋利的切口,这样的切口能够帮助鹅切开干草和其他陆地植物。它们对青草等粗纤维的消化率可达40%～50%,所以有"青草换肥鹅"之称。鹅的肌胃压力比鸭大0.5倍,比鸡大1倍,能有效地裂解植物细胞壁。此外,鹅消化道比体长10倍,而鸡仅为7倍,加上鹅小肠中的碱性环境,能使纤维溶解,因而鹅从牧草中吸收营养的能力特别强。农民普遍养鹅,投资少、收效高,同时还雇了"保安员",何乐而不为。

老虎："人"假虎威

人类的交际圈里始终流传着我们喜欢吃人的可怕传说。其实呢，传说终归只是传说。我们家族的成员一般不与人类打交道，只有那些没有捕食能力的老弱病残，才会想到吃人类救急。但是，可怕的传说是如此深入民心，以至于盗贼成灾的时候，聪明的庄园主开始饲养我们看护家园。

■ 闻名胆寒

巴西里约热内卢市郊，盗贼成灾，猖狂至极。于是，有几家庄园开始养老虎当护卫。有一家养了一只名叫"桑巴"的雌虎，经过驯养，此虎对主人一家非常和睦友好，但若是陌生人进屋不跟它打招呼，这就不客气了。白天，主人把它关在笼子里，晚上便把它放出来巡夜。从此，盗贼再也不敢上门了。

老虎号称"百兽之王"，这绝对不是浪得虚名。亚洲动物学家认为：老虎比狮子更厉害，理由是老虎比狮子更残忍和狡猾，捕食技能更高；非洲狮的社会性比较高，靠群体的力量战胜其他动物，虎则单独行动，完全靠个体力量取胜，如果同等质量的虎

▲ 东北虎是最大的猫科动物，其体魄雄健，行动敏捷。

与狮子真的相遇，狮子绝对不是虎的对手。老虎连狮子都不放在眼里，当然更不会有什么惧怕的动物。

　老虎守卫之所以万无一失，是因为人们对老虎一直怀有深深的恐惧感，这与老虎吃人的种种可怕传说有很大关系。其实，一千只老虎中大约只有三只是吃人的。吃人的老虎往往是因为腭部或者牙齿受过伤，以致无法再猎取天然猎物，或者是曾经吃过没有掩埋好的死人。无论出于哪种原因，吃人的虎总是极少数。

■ 凶猛谨慎

　老虎以凶猛、谨慎、出没无常而著称。老虎是体形最大、最强有力也最可怕的猫科动物。这种大型猫科动物曾经分布在从北极到印度尼西亚的广大地带，捕食各种鸟兽，有时甚至袭击亚洲象。在印度坎哈，虎

的主要猎物是小鹿和白斑鹿。老虎身上的美丽斑纹因不同的品种而各具特色。它们的毛色从黄褐色到橙红色都有。老虎皮上的斑纹在树林、芦苇丛和草丛中都可以成为极好的保护色。

　老虎有相当强的领地意识，一旦有人侵入它们的领土，它们会怒吼着捕杀猎物。当老虎的耳朵转向前方时，则是进攻的信号。老虎嘴里长着四颗犬齿，锐利无比，是捕杀猎物的有力武器。长在巨大肉趾上的爪子可以伸缩自如。它的舌头像锉刀一样粗糙有力，可以舔掉猎物的皮毛。老虎的专长是突然袭击，如果猎物已经觉察到它的存在，老虎很快就会放弃这只猎物，另外去寻找机会。老虎也敢袭击大动物，在搏斗中它也许会受伤甚至会丧命。老虎的体重有180多千

▼老虎是一个熟练的游泳者，它能毫不费力地游过7～8千米宽的大河。

克，它们虽然剽悍，但是非常谨慎，尽可能避免袭击危险的动物。据说除了老虎之外，再没有别的食肉动物在袭击猎物之前会如此小心翼翼地估计对方的力量。

野猪性格凶悍，发怒时甚至可以将碗口粗的大树一头撞断！老虎若被其撞着，内脏都会破裂。然而老虎不会与野猪正面交锋，而是且战且走，利用速度和灵活性的优势，做出各种挑衅动作，激怒野猪，野猪暴怒之下，狂冲乱撞，结果精疲力竭。最后，老虎趁野猪喘息之机，大吼一声，一口咬断野猪的脖子。老虎的机智由此可见一斑。

老虎喜欢在隐蔽的地方吃东西，有足够的力气把大猎物拖几百米远，尽可能拖到靠近水源的地方。老虎的肩膀和头颈非常发达，能扛动像人一样大的猎物，所以它们可以在地上不留下任何拖拉猎物的痕迹。它们的食量大得惊人，一只老虎一次能吃25千克肉，它们很少浪费，通常把猎物吃得干干净净。

犬 齿

哺乳动物的牙齿根据形态和功能分为门齿、犬齿和颊齿。犬齿位于门齿和臼齿之间，一般呈尖锥形，适于穿刺和撕裂食物。因此肉食动物一般都有强大而锐利的犬齿，甚至突出口外形成獠牙；而草食动物则多小而退化。

▲为了寻找猎物或保护领地，老虎经常在一天之内长途奔袭10~20千米。

驴：倔强的"保安"

　　我们的脾气在动物圈内是出了名的，形容人类脾气不好，也会牵扯上我们——驴脾气。虽然性子有些倔强，但干起活来还是很卖力的。什么脏活、累活全都不在话下。看起门来也"安分守己"，不像狗到处乱跑，让坏人钻了空子。另外，我们性格沉稳，遇事不像马一样慌张，只知道逃跑，我们会很冷静地站在原地，大声"拉响警报"。

■ 叫声如警笛

　　由于驴性情温驯、吃苦耐劳、听从役使，因此曾经是"动物部队"的成员。中国隋朝时候，朔州总管杨义臣曾驱赶毛驴和牛一起虚张声势，迷惑敌人。驴是意大利军队的主要运输工具，为表彰驴的功绩，意大利在首都罗马建了一座驴的纪念碑，驴背上驮着一尊大炮的炮筒。在美国和瑞士，也有驴的纪念碑。

　　战争结束之后，驴退下战场还得找"活"干，它们发现当"保安"能够发挥"专长"，于是，便发挥"余热"当起了"保安"。人们一定会问，驴当"保安"是不是安全？它们既然上得了战场，就一定担得起"小保安"的职责，而且"敬业"精神绝对值得称赞。

　　美国弗吉尼亚州的两所生物实验站，竟驯养驴看守大门，他们发现

▲ 驴头部

驴看守大门的能力比狗强。原因是驴"安分守己"、"屁股坐得牢"，不像狗那样到处游荡，易被人钻空子，而且驴叫起来的声音如同警笛，但又不是随便"拉响警笛"，因为它们对危险是高度敏感的，并具有相当强的判断力。驴和马不一样，马受到惊吓会逃跑，而驴则会稳稳地站在原地大声嘶叫。在与其体形差不多大小的动物中，驴是唯一能够勇敢地面对狮子而不选择逃跑的动物。在非洲，"警卫驴"是用来保护牛的。狗本能地害怕驴，因为驴踢中敌人的准确性惊人地高。

■ 能干活，脾气倔

驴体形比马小，但与马有不少共同特征，比如第三趾发达，其余各趾都已退化。驴的形象似马，多为灰褐色，不威武雄壮，它的头大耳长，胸部稍窄，四肢瘦弱，躯干较短，因而体高和身长大体相等，呈正方形。驴颈项皮薄，蹄小坚实，体质健壮，抵抗能力很强，不易生病。它是为人们辛勤劳作的一种家畜，是山区、丘陵等地农村短途运输、驮货、磨米面的好帮手。驴有其他动物所不及的优点，即吃得少、跑得快、成本低、灵活性好，而且工作效率很高，每天耕作6～7小时，可耕地2.5～3亩。

此外，驴肉又是宴席上的珍肴，其肉质细嫩，味美。经测定，驴肉中蛋白质含量比牛肉、猪肉都高，是典型的高蛋白、低脂肪食物。驴肉有补血、补气、补虚、滋阴壮阳的功能，是理想的保健食品。驴皮可制革，也是制造名贵中药阿胶的主要原料。

几乎每一种动物都代表着一种性格。老虎代表威猛、绵羊代表温驯、狼代表残忍，而驴则是蠢驴、犟驴，没有好形象。人们不喜欢驴，但又离不开驴，遇到脏活、累活时，理所当然地让驴"冲到第一线"。可惜动物不会说话，驴也只有动不动耍耍"驴脾气"——尥蹶子，为自己鸣不平而已了。

▲ 野驴往往生活在条件相对恶劣的环境中，所生存的环境干旱、植被稀薄，造就了野驴吃苦耐劳的品质。

人类的
好帮手

导盲鹦鹉：鹦鹉也可以干大事

我们是鸟类界极有天赋的"语言大师"，这与我们特殊的鸣管和灵巧的舌头分不开。由于我们是如此能言善辩，因此，我们被人类训练为"导盲鹦鹉"，专门帮助盲人过马路。不过，大多数科学家怀疑我们的智商，说我们并不具有导盲能力。

■ 会说话的"交通灯"

鹦鹉口舌灵巧，不仅可以模仿人类说话、唱歌，还能模仿二胡、小号的演奏声。那么鹦鹉是如何发声的呢？鹦鹉学舌与它生有特殊结构的鸣管和舌头有关。一般的鸟儿能够发出不同频率、高低的声音，那是因为当气流进入鸣管后，随着鸣管壁的震颤而发出不同的声音。而鹦鹉的鸣管构造比一般的鸟儿更加完善，在它的鸣管中有四五对调节鸣管管径、声率、张力的特殊肌肉——鸣肌，在神经系统的控制下，鸣肌收缩或松弛，回旋振动发出鸣声。鹦鹉发声器的上、下长度及与体轴构成的夹角均与人相似。人的发声器从喉门的声带开始，直到舌端为止，其前后总长度约20厘米，与体轴形成的角度呈直角，部分大、中型鹦鹉的鸣管到舌端的总长约为15厘米，与体轴形成的角度也近似直角。而其他哺乳动物的发声器与体轴则不能形成直角，而是呈钝角，喉头部与气管形成的角度也较平坦。发声器与体轴成直角，形成了有折节的腔，从而可以发出分节性的音，这种发声的分节化就是语言音和发展语言音的基础。

鹦鹉的舌根非常发达，舌头富于肉质，特别肥厚、柔软，前端细长呈月形，犹如人舌，转动灵活。由于这些优越的生理条件，鹦鹉能惟妙惟肖地模仿人语，发出一些简单、准确、清晰的音节。

美国鸟类学家驯养了一些可以为盲人引路的"导盲鹦鹉"，这种鹦鹉可以清楚地辨别交通信号灯的颜色，并且根据具体情况，准确地给盲人发出"前进"、"停"、"左转弯"、"右转弯"等口令。这样一来，盲人在马路上行走的时候只要带上"导盲鹦鹉"，相当于有了指挥棒，可以避免发生交通事故。

▲ 灵活的舌头能帮助鹦鹉取食，图中这只鹦鹉正借助舌头吸食花蜜。

■ 只是机械模仿

大多数科学家都认为，不管鹦鹉多么能言善辩，都只不过是一种条件反射，机械地模仿而已。这种仿效行为，在科学上也叫效鸣。由于鸟类没有发达的大脑皮层，鸣叫的中枢位于比较低级的纹状体组织中，因而它们没有思想和意识，不可能懂得人类语言的含义，也不可能处处十分正确地运用这些语言，所以有时甚至会不分场合乱说一气，令人哭笑不得。

在英国曾经举行过一次别开生面的鹦鹉学话比赛，参赛的鹦鹉只需要讲一句话便可，由裁判员根据这句话的内容和发音来进行打分。其中有一只不起眼的非洲灰鹦鹉所讲的一句话，受到了裁判和观众的特别赞赏，因而战胜其他选手，获得冠军。当主人揭开罩在鸟笼上的布以后，这只灰鹦鹉先是向前后左右瞧了瞧，然后惊奇地叫道："哇塞，这儿为什么会有这么多的鹦鹉？"几天以后，兴奋异常的主人请了许多贵客到家中庆贺，为了在客人面前再次显示这只灰鹦鹉的"天才"，便又当众揭开罩在鸟笼上的布，满以为它能说出"哇塞，这儿为什么会有这么多的贵客"以博得大家的喝彩，不料灰鹦鹉见了云集的贵客，却仍然说道"哇塞，这儿为什么会有这么多的鹦鹉"，让大家哭笑不得，也让主人尴尬万分。由此可见，鹦鹉学说话不过是一种条件反射，并且只能学会有限的词汇。但是这并不妨碍人们对鹦鹉的喜爱，即使说错话，也能给人们增添许多乐趣。但是由于这种不确定性，使用"导盲鹦鹉"还是具有很大风险的。

卷尾猴：这个"保姆"很友爱

黑猩猩是动物界的"爱因斯坦"，我们卷尾猴也不逊色。所以，我们被驯化为"猴保姆"，照顾生活不能自理的残疾人。我们尽职尽责地做着一个保姆应该做的一切。但有时难免也会犯一些无伤大雅的小错误。比如，我们着急时会直接用"手"给主人喂饭；如果食物也是我们爱吃的，我们会先顾自己，然后才想到主人。

■服侍残疾人

美国有一只名叫海里翁的卷尾猴，它给一位四肢瘫痪的青年当了猴"保姆"。它每天为主人喂饭、刷牙、翻书、放唱片，还能做许多主人无法做的家务事。虽然猴子的天性很贪玩，可是海里翁却很尽责尽职。只要主人发出指令，它便会忠诚地为主人服务，因为它知道主人的奖惩很分明，如果任务完成得及时、正确、它就能得到甜草莓汁的奖赏；如果调皮捣蛋、拒不从命，它就会受到主人的惩罚。海里翁在主人的调教下越来越能干，成了专业的好"保姆"。主人一时一刻也离不了它。

如今，训练猴子做残疾人的"保姆"已经成了一种专门的职业。在专业人员的训练下，越来越多的猴"保姆"走进了残疾人的家庭，它们细心周到的服务赢得了残疾人的欢迎。用作训练的猴子以卷尾猴为最佳，原因是它们易于驯养，驯化后性情温和，而且寿命长，可以活二三十年，体重不超过11千克。受驯的猴"学生"供应面广，尚未毕业便被订购一空。

经过驯养的卷尾猴几乎可以代替护士，而且它们即便长时间工作也不会口出怨言，这大大增加了病人的愉快情绪。这些"猴护士"能做的工作很多，包括为病人开关电灯、电视和冰箱，换衣、梳头、洗脸，甚至给病人喂食。不过它们也会做出些令人啼笑皆非的事情：如在喂食时，一着急便会用手给病人喂吃的；如果喂的是它爱吃的东西，有时它们也会"先己后人"。然而，虽说有诸如此类的缺点，但主人因无须付出高昂的工资，还是愿意订购"猴护士"。

■ 绝顶聪明

卷尾猴可谓新大陆灵长类动物的代表。可是有一点，它们虽名曰"卷尾"，但并非名副其实，其尾固然可以缠卷，然而尾的灵活性和力度都远远不及蜘蛛猴和吼猴。所以，严格地说，卷尾猴只能属于半卷尾类。它们机敏、好动，一会儿下到地面，搜寻隐藏于枯叶间的蜘蛛或蜥蜴；一会儿爬上树梢，捕食贴在叶片上的毛虫。

凡是观察研究过卷尾猴的科学家几乎都认为它们是绝顶聪明的动物，在智力方面甚至可与黑猩猩媲美。

雨林中有一种椰子般大小、外壳坚硬的水果，其外形似碗状，顶端扣着坚实的帽冠。其他的猴子只能望"果"兴叹，而卷尾猴却可以灵巧地咬断果柄，骑在粗树枝上，捧着硕大的硬果沿其帽冠的结合处一下下地用力敲打，直到顶帽脱落而美美地吃上果肉。

雨林中还有一种植物叫"铁瓜炮"，它的果实在成熟过程中，内部会贮存大量瓦斯，待果实成熟后瓦斯膨胀会产生很大的压力，一旦落地就爆炸。这种"铁瓜炮"很像甜瓜，但浑身长满了茸毛。每到果实成熟季节，几只猴子便把尾巴缠在树枝上，将身体悬在空中，前爪抓住藤本植物，拼命地摇晃着，不一会儿，成熟的果实就会从藤上脱落下来，它们先在地上滚了几个圈，然后突然发出"轰隆"的爆炸声，随着这声巨响，从瓜蒂的中心向四面八方喷溅出黏稠的汁液来。汁液里夹带着种子，果实旋转着把它体内的种子喷出约10米远。群猴立即跳下树，一边欢快地叫着，一边捡食被喷出的种子。如此有灵性的卷尾猴，当然是人类培养"助手"的最佳选择。

▼ 卷尾猴

导盲犬：有灵性的狗

在日本，有一部专门讲我们的电影叫《导盲犬小Q》。小Q是一只拉布拉多犬，出生不久就被挑选成为导盲犬，顺利毕业后，成为渡边先生家的一员。可是，渡边先生根本不喜欢狗，他更信任导盲杖。不过最后，他还是被小Q的无私付出打动了。

■ 盲人的"眼睛"

残疾人生活上会遇到许多不便，双目失明的盲人走路十分困难，他们即使是手拿探路竿，小心翼翼地摸索前进，也难免磕磕碰碰，发生危险。可是，在有些国家里，只要经过专门训练，导盲犬就会尽心尽力地为主人代目，引导主人走安全的路线。它不但在遇到台阶和深沟时会及时提醒主人注意，而且引导主人在横道上过马路，从不会违反交通规则。除了导路，它还能带领主人购物，帮助主人取送东西。有了它的帮助，盲人的生活变得方便了许多。

狗有很好的记忆力，通常在共同生活一段时间后，导盲犬会对主人的规律性作息时间非常熟悉，比如上下班路线，常去的餐馆、超市、朋友的住宅等，狗会知道主人经常去的地方，在何地停留多长时间；狗能记住一个朋友的住址，即使一年后仍然会引领主人到达那个地方。难怪导盲犬和主人会结成非常牢固的关系，这种关系的感情有时甚至超过亲属关系。

导盲犬是视障人士的眼睛，是亲密的家庭成员和忠诚的伙伴。经过训练的导盲犬一旦戴上特制的鞍具，就处于工作状态，这时他们集中精力听从主人的命令，不再为周围的事情所分心；一旦卸下鞍具，它们和普通的家庭宠物狗没有两样，它们也需要玩耍、爱抚，也会撒娇耍赖，交流感情。但即使最好的导盲犬也会被食物

▲金毛犬。导盲犬是一种工作犬，其主要工作是代替视障人士的双眼，为他们领路。拉布拉多犬、金毛犬及德国牧羊犬，都是适合担任导盲犬的犬种。

所诱惑。所以当你在街上遇到一个正在工作的导盲犬，千万不要去打扰它，不要和它说话以吸引它的注意力，更不要用食物逗引，否则导盲犬会分散精力影响工作质量。

狗一直以来都是人类最好的朋友，看到导盲犬的工作和它们为视障人士所作的贡献，人们会更加喜爱这些工作犬。

■ 艰苦的训练

导盲犬的培训过程长达18个月，综合费用达2.5万～3万美元。导盲犬的工作寿命可达8～10年。培训从小狗出生后2个月就开始了，第一个阶段为12个月。在这个阶段里，主要是培养小狗熟悉人类的居住环境，比如房子、汽车、道路，其他小动物如猫、

狗，以及小孩子，这些都是日后导盲犬在工作中要接触到的。熟悉各种公共场所，比如商店、餐厅、游乐场、学校、电梯、人行横道、红绿灯、公共汽车、火车，甚至飞机等；训练一些基本的服从命令，比如坐、等待、站立、行走等，训练狗走路是一项基础的任务。因为这些狗日后的工作就是带领视障人士走到任何需要的地方。

第一阶段通常由养育导盲犬的志愿者家庭承担，当然除了培训任务，最主要的还是要给小狗很好的饮食及健康照料，使它们健康地成长。12个月后，这些特殊的小狗就要被送到导盲犬培训学校集中专业培训5个月。这阶段的工作由职业训练师承担。

学校的一天是从早上7点开始的，7点钟小狗们就被带到户外，梳洗入厕，然后等待早餐。狗被训练得只有听到主人说可以吃了时才吃饭。经过一天的训练后，晚上8点回到狗舍休息。星期六和星期日休息两天，小狗们不用学习培训，可以尽情地玩耍、洗澡、游戏。严格的休息时间是为了训练狗适应日后主人的饮食起居和工

作作息时间。

在整个训练过程中，训练者要从以下几个方面对狗学员进行评估：学习的态度，愿意、渴望学习或不爱学习；学习的主动性和集中精力的技巧；是否紧张、好斗，是否容易被周围环境所分散注意力，比如其他狗、猫等，是否太爱动，不能长时间安静等待，等等。太爱动的狗会被淘汰。在经过一个月的最初考察后，不合格的小狗会被淘汰。

导盲犬训练的最后一个月是由导盲犬和未来的主人一起参加训练，主人要学习如何与导盲犬一起工作，如何命令，如何喂养，如何为狗做健康检查，如何和狗相处，等等。狗则要认识新主人的居住生活环境，工作环境，等等；双方都要了解对方的生活习惯、作息时间、性格规律、语言特征、行为特征等。至此一个导盲犬的培训全部完成。通常导盲犬在更换主人时还要参加测试和再培训，目的是检测导盲犬是否还具备应有的能力。

▲导盲犬身上佩戴特制的鞍具，以便主人牵领。

山羊：毫不利己，专门利人

据说，我们是第一种被人类驯化的食草动物。为什么会这样呢？我想大概与我们性情温驯，不踢人，不咬人，适应性强有关。另外，我们全身都是宝。奶是高营养食品，毛可以被制成纺织品。即便死了，还可以提供骨肉。

■ 最好的伴侣

在整个动物世界中，如果说狗是当今人类最喜欢的宠物，那么在很久以前，山羊则可能是人类最好的伴侣。关于山羊何以成为人类最好的伴侣，研究人员推测说，一是因为它在迁徙过程中可以随时为人类提供羊奶，是人类最佳的"流动食品"来源；二是因为山羊在商品交换中曾经充当过中间物，是人类过去进行买卖的"钞票"。

经过长期的驯化饲养，牧羊人注意到这样一个情况，山羊是一种为农牧民预报天气的"活湿度计"。由于山羊喜欢干燥，厌恶潮湿。羊群能够捕捉到来自环境的刺激、能感受到来自环境的细微变化，温度、湿度以及气压的突然改变都能引起它们的焦虑，如果山羊躺在屋檐下，天就有雨；而羊在草地上蹦跳，必为晴天。

目前，在发展中国家，山羊仍然是一种非常重要的经济资源。在一些对世界上消费最多的肉类的评估中，山羊肉排在了鸡肉和猪肉的前面。在

▲山羊

美国，山羊现在也是生长最快的家畜。它的肉有益健康，跟牛肉相比，山羊肉的脂肪和胆固醇少，铁含量高。按照体重比例来计算，它产的奶比牛产的还多，因此曾被叫作"穷人的奶牛"，它非常多产而

▲人类对山羊的驯养大约在8000年前就开始了，山羊是人类最早驯养的动物之一。

其他圈养动物则不能。与牛奶相比，山羊奶健康并且更富有营养。它的蛋白质和钙含量高，乳糖含量低。山羊奶也比牛奶更易消化，并经常被替代牛奶用于婴儿配方和烹饪，甚至还能以脱水和粉状形式销售。山羊奶还可用于制作一种奶酪。山羊毛被制成高质量纺织品，如马海毛，用来制作家具装饰材料、服装、围巾和假发。皮用来制成高质量皮革制品。

■ 适应性极强

野山羊属偶蹄目，牛科，山羊属。主要栖息在欧洲、亚洲以及非洲东北部的山区。其中以阿尔卑斯山野山羊最为典型。它肩高90厘米，皮毛棕灰色，上体部分比较深。雄性长有胡须和一对微弯的大角，上面有许多横亘隆起，像连绵的山脉一样。野山羊是第一种被人类驯化的食草动物，由于山羊性情温驯，不咬人、踢人，

适应性强，早在8000年前的伊朗山区就开始驯化山羊了。

山羊是一种与绵羊极其相似的耐寒动物，活泼好动，喜欢登高，大部分时间都处于走动状态。特别是羔羊的好动性表现得尤为突出，经常有前肢腾空、身体站立、跳跃嬉戏的动作。山羊的这种特性使得它们很适合在山区等地生存。

山羊采食性广，觅食能力极强，能够利用大家畜和绵羊不能利用的牧草，对各种牧草、灌牧枝叶、作物秸秆、农副产品及食品加工的副产品均可采食，其采食植物的种类多于其他家畜。山羊的合群性较好，繁殖力强，主要表现在性成熟早、多胎和多产上。山羊一般在5~6月龄即到达性成熟，6~8月龄即可初配，大多数品种羊可产羔2~3只，平均产羔率超过200%。容易喂养，高产正是人们饲养山羊做家畜的一个重要原因。

驯鹿："冰雪之舟"

在鹿科动物中，雄鹿有大长角是为了角斗和向雌鹿显示威风。然而，我们驯鹿家族有些特别。族里的女同胞们不爱红妆爱武装，也长起了大角。莫非我们是自然界中搞"女权运动"的急先锋？

高寒地区交通工具

这里是地球上的"寒冷世界"，一年当中只分两个季节——北极夜（冬季）和北极昼（春、夏、秋三季）。生活在这里的人们离不开驯鹿，他们每家每户都拥有几头驯化了的驯鹿，它们在交通运输中起着重要作用。

在漫长的北极之夜，这里完全是一个千里冰封、万里雪飘的冰雪世界。生活在北极附近的人们生活中的最大困难，莫过于在这茫茫雪原上的出行。驯鹿恰巧有着在皑皑雪原上疾驰奔走的本领，自然成了他们的好帮手。他们运货物、串亲戚，只要是外出都要由驯鹿来帮忙。因此驯鹿得到

了人们的赞誉，被亲切地称为"冰雪之舟"。

到了北极之昼，冰雪逐渐融化，变为汪洋一片和泥泞不堪的沼泽之地。可以想象，这时生活在这里的人生活中的最大困难，又是出行问题，在沼泽泥泞中行走，比在冰雪荒原上行走，更艰难、更困苦。驯鹿再次大显身手，以它们的特殊本领，带着居民们，穿山越岭，踏遍沼泽之乡，给他们的出行帮了大忙。为此，人们又将驯鹿称为"沼泽之船"，赞誉它的特殊本领和为人类作出的贡献。

不只生活在北极附近的人离不开驯鹿，我国大兴安岭地区的鄂温克族人也离不开驯鹿。驯鹿是他们的主要牲畜和唯一的交通运输工具。此外，

鄂温克族人的日常生活也离不开驯鹿，驯鹿是他们的主要财产，谁家的姑娘出嫁，陪送中都必须有驯鹿，少则三四头，多则五六头，虽说有多有少，但不可没有，因为这是新婚夫妇建立小家不可缺少的财产。可见，将驯鹿作为嫁妆，对于鄂温克族人建立一个幸福小家庭来说意义重大！像城里人喝牛奶一样，鄂温克族人每天喝驯鹿产的奶，这是他们强身健体的佳品。驯鹿的茸更是珍贵的药材，他们按期割收、出售，每次都可得到一笔收入。

■ 适应冰雪荒原环境

在所有的鹿中，驯鹿是唯一一类雌雄都长角的鹿，角干向前弯曲，各枝都具有分叉，雄鹿3月脱角，雌鹿则大概在4月中下旬。驯鹿的头长而直，耳较短似马耳，额凹；颈长，肩稍隆起，背腰平直；尾短。

驯鹿的体背毛色夏季为灰棕、

栗棕色，腹面和尾下部、四肢内侧白色，9月开始长冬毛，冬毛的颜色稍淡，到5月冬毛开始脱落。毛对于驯鹿适应冰雪荒原的环境是极为重要的。

驯鹿的身体外面被有厚厚的两层毛，外层是长毛，里面是绒毛，尤其是颈部的毛更加长。这些长毛就好像一件厚实的保暖衣，将驯鹿的身体裹得严严实实。外面的长毛长而且硬，充满空气，可以抵挡风雪；里面的绒毛非常柔软，短而且密，可以保暖。此外，驯鹿的皮下脂肪很厚，有了这些保护措施，就可以抵御严寒。

以吃食为例，只要有苔藓、地衣一类的低级植物，它就能健康地生活下去。为适应冰雪荒原上的环境，驯鹿的主蹄大而阔，悬蹄大，掌面宽阔，行走时能触及地面，这种形状的脚特别适于在雪地和崎岖不平的道路上自如地疾驰奔走。

驯鹿除了适应这里的自然环境外，还适应这里人们的需要，因为它性情特别温驯，极易驯服。

▼北极驯鹿拉雪橇。

黄鼠狼背"贼"名

哎，说起来，我们也是被冤枉的好动物啊。人们的一句"黄鼠狼给鸡拜年，没安好心"，就将我们家族一世的英名给毁掉了。我们哪里是去给鸡拜年啊，我们根本就没想着要去结交这个权贵，光追老鼠就够我们操心的啦。

■ 灭鼠很在行

生物学家曾对全国11个省市的5 000只黄鼠狼进行解剖，从胃里剩的残骸鉴定，其中只有2只黄鼠狼吃了鸡。后来，又做了活黄鼠狼的食性试验：第一天晚上，在黄鼠狼的笼子里放进活鸡、带鱼。结果活鸡安然无恙，带鱼被吃掉了；第二天晚上，放进鸡、鸽、老鼠和蟾蜍。结果老鼠被吃光了，蟾蜍吃掉一部分；第三天晚上，放进鸡、鸽，黄鼠狼将鸽子咬死；第四天晚上，只放进活鸡，黄鼠狼才拿鸡充饥。由此可见，它在极端缺食，无可奈何的情况下，才叼鸡吃。

黄鼠狼是分布很广的食肉小兽，无论是山区或平原，都能见到它的踪迹。黄鼠狼是捕鼠能手，当遇见老鼠时，会奋力追击。黄鼠狼常追随鼠类迁移而潜入村落附近，在石穴和树洞中筑窝。它们擅长攀援登高和下水游泳，也能高蹦低窜，在干沟的乱石堆里闪电般地追袭老鼠。

老鼠会闯入人类的生活区咬伤家

▲ 黄鼬

臭屁制敌

黄鼠狼的警觉性很高，时刻保持着高度戒备状态，要想对黄鼠狼出其不意地偷袭是很困难的。一旦遭到狗或人的追击，在没有退路或无法逃脱时，黄鼬就会凶猛地对进犯者发起殊死的反攻，显得十分勇敢。黄鼬有一种退敌的武器，那就是位于肛门两旁的一对黄豆形的臭腺，它们在奔逃的同时，能从臭腺中猛然施放出一种独特的"化学武器"——臭屁，假如追敌被这种分泌物射中头部的话，就会引起中毒，轻者感到头晕目眩，恶心呕吐，严重的还会倒地昏迷不醒。这时，黄鼠狼便趁机逃之夭夭。

更有趣的是，由于黄鼠狼能够对准刺猬身体缝隙放臭屁，所以连大型食肉兽都无可奈何的刺猬，便成了黄鼠狼的口中餐。浑身钢针、蜷缩成团的刺猬受到黄鼠狼臭屁攻击后，用不了多久，就被臭气麻醉，将身体伸展开。这时候，黄鼠狼就可以慢慢地享受美味的刺猬肉了。

禽和兔子，而老鼠个头小，因此人们看到的是追进生活区的黄鼠狼而不是老鼠。时间长了，人们常见到黄鼠狼闯入生活区，却不知道它们是来捕杀老鼠的，加上黄鼠狼行动小心谨慎，看起来鬼鬼祟祟的，所以误以为是黄鼠狼攻击家禽，就这样黄鼠狼背上了"偷鸡"的贼名。也正是因为人们的误会，才会造成现在野生黄鼠狼的数量下降，造成环境恶化，直接或间接威胁到人类本身。

据统计，一只黄鼠狼一年能消灭三四百只老鼠。一旦老鼠被它咬住，几口就可下肚。黄鼠狼身材修长，四脚短小，是世界上身子最柔软的动物之一，因此可以穿越狭窄的缝隙，如果寻找到鼠窝，就可以轻而易举地钻进鼠洞内，捕食老鼠。而且它们的性情残暴凶狠，决不放过所遇到的弱小动物，即便吃不完，也一定要把猎物全部咬死。以每年每只鼠吃掉1公斤粮食计算，一只黄鼠狼可以从鼠口里夺回三四百公斤粮食。所以黄鼠狼绝不是什么偷鸡贼，而是人类的好朋友。

可怕的人体疾病传播者

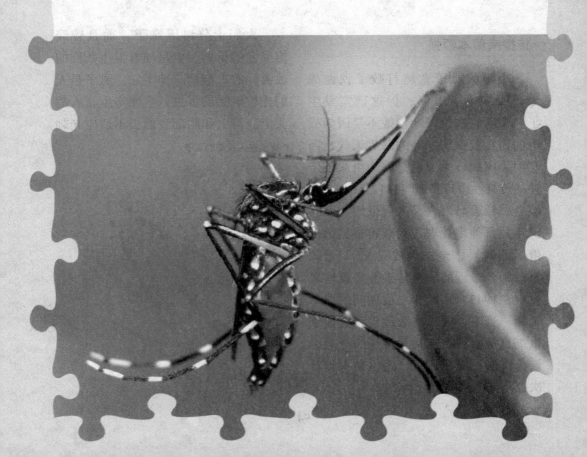

虱子：打败铁血战士

小虱子"打垮"拿破仑征俄大军！我们虱子家族的先辈大概也没想到：我们竟然会改写拿破仑的战争奇迹！所以，通过这个重大历史事件，我们总结出了一个道理：虱子多了，力量大。管你是什么铜墙铁壁还是钢筋铁骨，在流行性疾病面前都被我们治得服服帖帖。

■ 传播病菌本领强

小小的虱子竟然打败了铁血战士，听来不可思议，但这确实发生了。拿破仑在俄国的惨败不是因为战争的伤亡或俄国寒冬的恶劣天气，而是因为疾病，主要就是因为由虱子传播的传染性斑疹伤寒。1812年6月，拿破仑率领着45万人马入侵俄国，而当次年12月他率领着残兵败将狼狈逃出俄国的时候，全军人数只剩下不到2万。距今最近的一次传染性斑疹伤寒发生在1943～1944年二战期间的那不勒斯。当时，通过将敌敌畏和其他杀虫剂直接喷洒在士兵和百姓的身上，该传染病被遏止住了，这也是人类首次控制住该病的流行。

人们十分讨厌虱子，而且曾经饱受它的折磨，但是随着卫生条件的改善，有人渐渐忘掉了它。虱子是人们比较熟悉的害虫，主要寄生在人的头上、身上和阴部。虱子不适应光刺

▼ 寄生在人头部的虱子

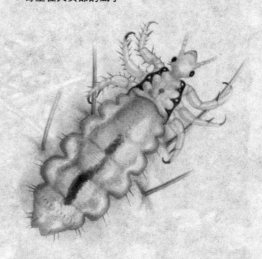

虱子导致恐龙脾气暴躁

虱子除了吸食人血之外，也会吸食动物的血。英美科学家经过研究指出，恐龙的脾气暴躁只因它常年被虱子"折磨"和"骚扰"。通过研究69种虱子的DNA，研究人员绘制出了这种生物的系谱图，并发现在6500万年前，也就是地球还由恐龙统治时，虱子就开始进化了。资料显示，在恐龙大量灭绝之前，鸟类和哺乳动物身上的虱子就开始了其进化过程。研究人员发现当时很多鸟类身上都有虱子，一些哺乳动物身上也有，由此推断虱子当时有很多寄主，其中很可能也包括恐龙。在虱子吸食动物血液的过程中，也有可能将疾病在动物之间传播，至于许多细节情况还有待于人类的进一步探索和研究。

激，主要隐藏在毛发或衣服缝内，有时也会爬到被褥缝中藏身。

虱子是经接触而被感染的，不但吸食人类的血液，扰乱人们的休息，而且能够传播斑疹伤寒、回归热等疾病。虱子吸食患有流行性斑疹伤寒病人的血时，就把这种病的病原体吸入体内。当它再去叮咬健康人时，就把含有病原体的粪便排到人的皮肤上。由于吸血时人受刺激，皮肤奇痒，就用手去挠痒处，虱粪中的病原体就从被挠破的皮肤处进入健康人的体内，从而引起疾病。该病主要流行于欧洲，能削弱人的体质，甚至能使人致命。在监狱、集中营、野外部队和被炮击后的城市中，当人们不能保持身体的清洁时，该病就会流传开来。

▲ 放大80倍的蟹虱

回归热病的病原体可随病人血液进入虱子体内，并在虱子体内繁殖。一旦虱子再叮咬健康人而被捏死并破裂时，病原体就从虱子体内出来，从人被挠破的皮肤处进入人体，使健康人患病。虱子不但传播一般流行性传染病，更可怕的是，还能传播性传染病。

蚊子：偷血散"毒"

我们家族里，母蚊子个个都是"吸血鬼"，而公蚊子则是慈悲的"善虫"，它们靠吸食花蜜、植物汁液和其他汁液来维生。可能吃的东西不如鲜血有营养，公蚊子大都短命，而母蚊子相较而言，则是长寿的"老寿星"。这些"老寿星"的可怕之处，不在于它们偷窃鲜血，而是传播疾病。

■ 人类死敌

在人类历史上，死于蚊虫传播疾病的人数大大超过了死于战争人数的总和。美国和西班牙的战争中最大的伤亡是蚊虫造成的。一位英国学者认为，蚊虫所传播的疾病是摧毁古希腊和古罗马文明的主要力量。所以有人认为蚊虫是人类最大的死敌，这一点都不为过。

1930年有一个报告指出：泰国每年约有50人死于虎口，而被蚊子咬死的却达5万人；二战时美军被蚊子咬死的人数超过60万人；在非洲，平均每30秒就有一个儿童因蚊子而丧命！

小小的蚊子何以咬死这么多人？

原来，雌性蚊子通过叮咬，吸食患有疟疾病人的血液，也把其中的疟原虫吸进体内。当它们再叮咬其他人时，疟原虫又从蚊子的口中注入被叮咬者的体内了。疟原虫潜伏十天后，开始在患者的红细胞内繁殖，分裂成大量的小原虫，破坏红细胞并释放一种毒素，引起患者发冷和发烧，浑身发抖。疟原虫在人类红细胞中周期性地寄生、繁殖、破坏、再寄生、再繁殖、再破坏。病人周期性地交替发烧，体温下降，痛苦不堪，严重时就会丧命。可见，蚊子是对人类危害最大的昆虫，它每年可导致约300万人死于由其传染的疟疾、黄热病等疾病。

为了减少疟疾给人类带来的危

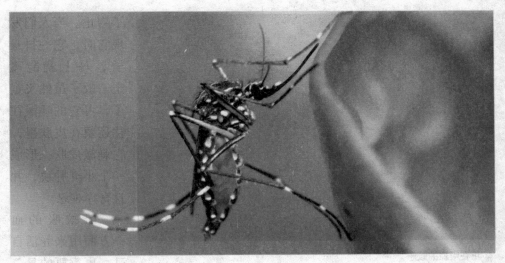

▲埃及伊蚊是登革热和黄热病的载体。

害，科学家们想了许多办法。2011年英国有科学家尝试着给蚊子做"节育"手术，利用放射线照射蚊子，培育出了无精蚊子。把这些蚊子释放到野外之后，可以大大减少蚊子生育后代，从而阻止疟疾的传播。

■ 吸血利器

蚊子吸血十分贪婪、凶狠。叮人的通常都是雌蚊子，雄蚊子是不叮人的。雄蚊子的口器较雌蚊子的口器有所退化，不能刺破皮肤，所以雄蚊子不吸血，主要靠花蜜、植物汁液和其他汁液维持生活。而雌蚊子的营养除依靠雄蚊所能摄取的物质以外，还吸食人和动物血液，原因就是它有一个特殊的口器。雌蚊的这个特殊口器长在头部下端，像针一样，呈喙状，

粗看像一根针似的，实际上是由六根比头发丝还细的针组成的，其中两根是食道管和唾液管，另有两根刺血针和两片锯齿刀。这六根针的外面由一层薄鞘包裹着，鞘尖上还有一个"夹钳"，这六根针扎成一个小捆，蚊子叮人就靠这个锋利的喙。

蚊子的感觉很发达，无论是在漆黑的房间里还是在伸手不见五指的室外，它们都能凭人和动物呼吸时所产生的二氧化碳准确地找到吸食对象。它还能感觉到人和动物的体液，嗅到人和动物皮肤上的气味，总能准确无误地落到人和动物的皮肤上。

夜晚，雌蚊就开始"嗡嗡"地寻找目标。蚊子飞行的时候之所以发出"嗡嗡"的声音，是因为它的翅膀振动很快的缘故。当发现可吸食的目标

▲ 正在吸血的蚊子

了为止。当人们发现它时，它一抖身子，马上就能飞走。蚊子虽然飞走了，可它的唾液往往还留在皮肤里，它刺激皮肤，形成一个小红肿块，并且奇痒难忍。

雌蚊吸的血一方面用来养活自己，更重要的是，只有吸血以后将营养供给它的卵，这些卵才能成熟，这也是为下一代的健康出生做准备。

后，它就会毫不客气地轻轻停在人或动物的皮肤上，然后把那六根针组成的喙刺入，一直插入血管里。

在它开始吸血之前，会先分泌唾液，通过唾液管注入你的血管，让唾液与局部血液混合起来，血液就不会凝结，这样便于它吸血。然后，它开始大胆地吸血，一直到它的肚子胀大

一般来说，雄蚊寿命较短只有6~7天，而雌蚊的寿命可达30天。雌蚊叮人对人体的危害不只是吸一点血，它还能在吸血的过程中传播各种疾病，所以应积极采取措施消灭蚊子。

有望源头灭菌

人们不禁会问：为什么至今人类对蚊虫还束手无策？其实人类与蚊虫的斗争已延续了100多年。起初，科学家研究的杀虫剂对于控制和消灭蚊子起到了显著的效果，但是随着时间的推移，蚊子竟然表现出对杀虫剂的耐受性。科学家让蚊子叮咬血液中注入疟原虫的老鼠后发现，蚊子消化道中的抗菌分子对疟原虫产生了明显的抵御作用，这是一种免疫反应，是蚊子直接对疟原虫的抵御作用。科学家惊喜地将目光转向蚊子本身的杀毒能力，试图寻找一种攻克疟原虫的方法。这将促使他们深入研究蚊子免疫系统的发生机理，从中将会发现新的控制蚊虫的方法和途径。

猫："柔情杀手"

我们猫温驯柔情，却也是孕妇的"杀手"。为什么这么说呢？因为我们随身携带的传染病病菌和病毒能导致孕妇流产、早产甚至出现死胎、畸形。这些病菌和病毒都是在你们人类不知情的情况下被感染上的。所以，打算要小孩的家庭要注意了，千万不要在这种节骨眼上还收养我们。

■ 病菌殃及胎儿

聪明娇慵的猫咪是许多人家里的小可爱，人们可以抱着它们看电视，或者让它们在卧室里睡觉，还可以凑近了逗着玩解解乏。可是，在人们心情大好的同时，也会带来健康隐患，甚至埋藏有潜伏的杀机！

爱干净是猫的最大特点之一，它们便后会把粪便仔细地埋好。但并非总这样，它们只有大约一半的时间会这样做。它们有时也在自己领地四周的边缘留下成堆的粪便，作为带有臭味的标志：禁止入内。即便猫很爱干净，但还是会携带或患上传染病，这时，人们接触这些携带或患上传染性

疾病的猫时，受病毒、细菌侵害的可能性是很大的，而且小可爱变身"杀手"的过程可能不会有任何预警。

猫食用被感染的老鼠、鸟类以及其他小动物，能够感染一种被称之为"弓形虫"的寄生虫。弓形虫的终末宿主是猫科动物，会在猫的肠黏膜内繁殖，人不小心接触了病猫粪便中的弓形虫卵囊后，如果没有彻底清洗干净，卵囊就会通过人进食等进入人体，然后孵化出孢子和弓形虫，再穿肠壁进入血液循环和组织中，引起感染。如果弓形虫进入孕妇体内，孕妇感染时可能不会出现任何症状，但却能够将这种疾病传染给未出世的宝宝。这对孕妇而言，是一种极其可

▲猫是弓形虫病毒的重要宿主，其粪便、分泌物都可能带有病毒，所以必须注意所饲养的宠物猫的卫生与安全，防止弓形虫病发生。

怕的病症，因为它会通过胎盘感染婴儿，导致流产、早产、死胎或畸胎，目前这种病在孕妇中的感染率较高，也和儿童低智商有密切关系。

有效地控制弓形虫病，首先必须控制传染源，控制病猫，其次要切断传染途径，勿与猫狗等密切接触，防止猫粪污染食物、饮用水和饲料。不吃生的或不熟的肉类和生乳、生蛋等。

准备生孩子的家庭更不应该养猫，原先养猫的也应该在准备生育之前把猫送到别处去，总之，孕妇最好是彻底不接触猫。如果在发现怀孕时仍然和猫生活在一起，那孕妇就要定期做血清检查，以保证胎儿安全。

■当心被猫抓伤

猫虽然是人们生活中最熟悉的动物之一，但它们还是有一种让人说不出来的神秘感。相对于老实的狗而言，猫喜怒无常，时常在嬉戏玩耍时，它会对人抓一下、挠一下，见了血也是很正常的。要警惕的是猫爪子上的细菌病毒通过伤口能引起"猫抓热"，幼儿尤其容易被感染。

被猫抓伤后的一段时间内，如果出现淋巴肿大、畏寒发热等症状，一定要将被猫咬、抓伤的病史告诉医生，正确诊断之后一般都能顺利治疗。

猫主人要注意警惕和预防，至少每周给猫洗一次澡，与猫嬉戏时注意不要被抓伤，尤其在春季或猫发情阶段更不要随便逗它惹它，还要定期为它们做血清检查。另外，无论如何也不能跟猫亲嘴，抱过猫之后必须彻底洗净双手才能吃东西。

老鼠："定时炸弹"

我们老鼠个头小，反击能力弱，除了逃窜，别无他法。但我们也有自己的保种手段——不断地生、生、生。一年之内我们一对新夫妻就会成为5000多只老鼠的祖宗。我们浪费了人类的粮食，人类还能容忍，但一提起鼠疫，人类就会气愤不已。是啊，世界上哪次人口大锐减与我们无关呢？

■ 不灭的病菌携带者

世界上有许多珍贵动物，尽管人们千方百计加以保护，但它们仍然难逃灭绝的厄运。人类对于肮脏的老鼠可谓深恶痛绝，总是在千方百计地消灭它们，而且老鼠的天敌也很多，猫头鹰、猫、黄鼠狼以及蛇等，可是这一切不利条件对老鼠并没有形成灭顶之灾。老鼠为什么有这么强的存活能力呢？

原来，老鼠采取的是以量取胜的生存方式。老鼠的繁殖力很强，一对老鼠一年可繁殖后代达5000多只！而且幼鼠的成活率极高。老鼠的个体小，无孔不入，可到处安家，而且食性广，五谷杂粮、昆虫甚至各种垃圾都是它的美味佳肴，而且老鼠自身还具有极强的抗病能力。除此之外，有的科学家认为，老鼠的存活能力和它的"智力"有关，一般来讲，越小的动物"智力"水平越

▲ 争夺食物是引起人类和老鼠之间冲突的主要原因。在亚洲，啮齿目动物消耗了5%～30%的稻米，有的时候，破坏面积能达100平方千米以上。它们每年能毁坏我国5%～10%的储存粮食，这些粮食足够养活1亿人。

▼老鼠

低，而老鼠却例外，它的"智商"很高，因此，它能巧妙地逃脱人类的捕杀以及天敌的猎食。因而它的生存能力非常强，能够在最恶劣的环境下生存下来，不会灭绝。

老鼠不灭，其携带的传染性病毒就好像是"定时炸弹"，随时有可能爆发。老鼠能传播30多种疾病，其中危害严重的有鼠疫、流行性出血病、钩端螺旋体病和恙虫病等。鼠疫是原发于鼠类并能引起人间流行的烈性传染病，传染性极强，历史上死亡率很高，据估计，有史以来死于鼠传播疾病的人数，远远超过直接死于战争中的人数。鼠疫疫源地分布世界各地，全世界有200多种老鼠是鼠疫菌的保菌动物。从我国历史上来看，曾发生过几十万起由老鼠传播的疾病，最多一次病死人数超过当时人口总数的四分之一。

■ 危险的鼠疫

鼠疫为典型的自然疫源性疾病，在人间流行前，一般先在鼠间流行。鼠疫传染源有野鼠、地鼠等，家鼠中的黄胸鼠、褐家鼠和黑家鼠是人间鼠疫重要的传染源。当每公顷地区发现1～1.5只以上的鼠疫死鼠，该地区又有居民点的话，此地爆发人间鼠疫的危险就会上升到警戒值。各型患者均可成为传染源。鼠疫分为三种类型：肺鼠疫可通过飞沫传播，因此人间肺鼠疫容易大流行，鼠疫传染源以肺型鼠疫患者最为广泛；败血性鼠疫早期的血有传染性；腺鼠疫仅在脓肿破溃后或被蚤吸血时才传染。人们需要谨防的是，三种鼠疫类型可相互转化。

人间鼠疫的传播主要以鼠蚤为媒介。当鼠蚤吸取含病菌的鼠血后，细菌在蚤胃大量繁殖，形成菌栓堵塞前胃，当蚤再吸入血时，病菌随吸进的血反吐，注入动物或人体内。易感性人群对鼠疫普遍易感，无性别年龄差别。蚤粪也含有鼠疫杆菌，可因搔痒进入皮内。这种"鼠→蚤→人"的传播方式是鼠疫的主要传播方式。

毛囊虫：毁"容"不倦

我们个体微不足道，但若联合起来，也是一个很强大的"兵团"。人类只能眼睁睁地看着我们"造反"，无能为力。最多不过是用药水"哄骗一下"我们，稍微抑制抑制，根本无法对我们"斩草除根"。

■ 最爱吸食皮脂

毛囊虫是一种针尖大小的节肢动物。成虫长为0.1～0.4毫米，在显微镜下窥其全貌，才能看得一清二楚。由于虫体长，外形呈纺锤状，很像蠕虫，故名蠕形螨。它们那半透明的身体分为三部分，即颚体（假头）、足体、末体。颚体平时藏入口前腔内，足体有4对足，足尖有锚状叉形爪，全身有明显环形皮纹。

已知的蠕形螨有120多种，最常见的有38种，其中只有毛囊蠕形螨和皮脂蠕形螨寄生于人体，其他种类均寄生于多种哺乳动物体表或内脏中，从而引起皮炎和动物的内脏病变等。

皮脂蠕形螨体形较长，人们也称其为长螨，常常单个寄生在皮脂腺和毛囊中，致病力较低。它们刺吸人体细胞和皮脂腺分泌物，少数吸食角蛋白。由于皮脂蠕形螨嗜吸食人体皮脂，所以在人体皮脂腺丰富的面部感染率高，尤其以鼻尖为最高，达到69.7%、鼻翼为68.3%，颊为56.8%，外耳道为38.5%。

毛囊蠕形螨体形较短，人们也称它为短螨，它比较喜欢寄生在人面部皮脂腺丰富的毛囊底下，对毛囊的破坏性比较大，所以称它"毛囊虫"。毛囊虫是人体皮肤感染的一种最普遍的寄生虫病，由于它们的寄生，人体皮肤会引起毛囊虫皮炎。

毛囊虫主要是通过接触传染的。据报道毛囊虫在白天可出现在面部皮肤表面，可通过接触传播，如在新生儿身上一般找不到毛囊虫，但婴儿通过与有毛囊虫寄生的母亲亲吻等，则可能会感染上毛囊虫，从而在背部出现湿疹状红斑。据调查，感染者年龄最小为48天的婴儿。儿童感染率随年龄增长而增高，15岁以上感染率可达95%，只是大多数人为健康带虫，皮肤无损害，也无任何感觉。

由于毛囊虫感染侵犯人体脸部脆弱的皮肤，刚感染时，人们出汗或晚上睡觉时会感觉鼻子、脸出现轻微的瘙痒感觉，一段时间后就会出现黑头（是螨虫排泄的分泌物，堵塞毛孔风干硬化引起），随后毛孔就开始慢慢变大变粗，皮肤开始由中性转为混合性，再变为油性，这时如果没有得到及时有效的治疗，就会在鼻尖、鼻翼两侧出现皮肤弥漫性潮红、充血，并出现针尖大，甚至粟粒大的红色丘疹，即形成酒糟鼻，严重时可累及额、颏、颊及眼周皮肤，毁人面容，不可忽视。

■ 接触狗会感染

兽疥癣是由兽疥癣螨虫感染引起的，其中一种兽疥癣便是犬蠕形螨症。实际上大多数健康的狗都会携带少许毛囊虫。当这少量的蠕形螨开始大量繁殖，导致情况失控时，麻烦就来了。毛囊虫症可能会局部发病，也

就是说它可能只在狗身体上的某一个部位出现，但也可能会全身发病，遍及到狗的整个身体。局部的毛囊虫症比较常见，往往可以自动痊愈。然而全身发病的狗就需要人们为小狗进行药浴。

人们认为毛囊虫症是遗传的，所以一旦被诊断出带有毛囊虫，这只狗便应做阉割或切除卵巢手术，这样该病就不会因生育下一代而形成蔓延。容易患毛囊虫症的犬种包括阿富汗猎犬、斗牛犬、吉娃娃、中国沙皮犬、杜宾犬、德国牧羊犬以及八哥犬等。

犬穿孔疥癣虫是另一种兽疥癣螨虫，它会导致穿孔疥癣虫症（通常称为疥疮）。这种螨虫会在皮肤的最外层挖洞产卵。这些卵孵化为幼虫，幼虫成长为发育成熟的螨虫，如此不断循环往复。疥疮的传染性很高，狗身上的疥疮往往很容易通过直接接触传染给人类。

对付兽疥癣的最佳方法就是预防。定期为小狗刷毛和洗澡将有助于去除兽疥癣造成的鱼鳞状皮肤和疮痂，这样可以让小狗远离兽疥癣。如果小狗脸部周围或前腿上局部脱毛，这些地方的皮肤呈鳞状并且发红，要尽早带小狗去看兽医，以诊断是否患有毛囊虫症。如果小狗已经感染了兽疥癣螨虫，那么就需要彻底清洗它的床和其他活动区域。

让人头疼的破坏者

贻贝：给人添"堵"

别看我们只有指甲盖大小，要是联合起来"闹革命"，也够人类受的。目前，我们家族作为"高危生物入侵物种"已经上了人类的黑名单。不过，可别妄想着消除我们，人类顶多只能阻止我们在水体间的蔓延、迁徙。

■ 顽固的阻塞物

斑马贻贝是原产于欧洲的一种淡水品种，已经成为北美洲五大湖与密西西比河流域的有害物。随着人类活动范围的不断扩大，斑马贻贝随着船舶排放的压舱水向世界各地进发，在新环境里开枝散叶。由于缺乏天敌且繁殖力强，斑马贻贝很快可以影响整个水体的生态平衡，引发严重的生态灾难，并在河川、湖泊及水库造成严重的淤积及堵塞的问题。目前许多国家已将其列为高危入侵物种。

斑马贻贝通常只有指甲盖大小，最大的可以长到5厘米，成体附着在任何硬质的物体上，比如管道中、船舶的船身或引擎上，甚至其他贝类的壳上。斑马贻贝的寿命是4～5年，它们

▲ 斑马贻贝

▲ 贻贝

度，可以给这些小贻贝带来大量的食料和氧气，使它们能在管道里很好地生长。这样贻贝便很快地一个粘一个地聚生在管道的内壁上，无形中就等于加厚了管壁，缩小了水管的直径，这样就会大大地减少引进海水的数量。有时这些小贻贝甚至把管道完全堵塞，以致不得不暂时停工检修。

具有非常强大的繁殖潜力，一个雌贝每年可以排出100万个卵，这些卵将发育为浮游性缘膜幼虫，当遇到适当的硬质或基底时，它们就会射出足丝以进行附着。

斑马贻贝能吞食大量浮游植物，消耗水中的氧气，令其他同样以浮游植物为生的贝类和小鱼生长困难。它们又喜欢在别的贝类身上聚居，有时在一只土生贝类的壳上竟可找到数千只斑马贻贝，致使土生贝壳无法张开，窒息而死。有研究表明，美洲湖泊和河流原本拥有近300种土生贝类，但今天70%已经绝种、濒危或数量下降，斑马贻贝的入侵是主因之一。

在沿海各地的工厂里，常常引海水作为冷却用水，在引海水的同时，常常也把海水中所含的贻贝幼虫引了进来。这些幼虫进到海水管道里以后，可以很快地固着在水管壁上生长起来。由于工厂每天都在大量用水，引水管里的水流保持很快的更新速

■ 不能彻底清除

贻贝是双壳类软体动物，它的身体构造跟蚶子和牡蛎、蚌等基本上一样。但它的左右两个外套膜除了在背面连接以外，在后端还有一点愈合，所以在后背缘形成一个明显的排水孔。在外套膜的后腹面的边缘生有很多分枝状的小触手。通过贻贝身体的水流，就是从这些生有触手的外套膜之间流入外套腔内，然后经过鳃到身体背部由排水孔排出。贻贝利用流经身体的海水进行呼吸和循环，也利用水流带进体内的微小生物做食物。

贻贝有两个闭壳肌，前面一个很小，后面一个很大。它的韧带生在身体后背缘两个贝壳相连的部分。贻

贝也是利用闭壳肌和韧带来开启和关闭贝壳的，但是贻贝闭壳未能像蚶子闭得那样紧，常常留有缝隙，缝隙就是足丝伸出的地方，因为贻贝是用由足分泌的足丝固着在海底岩石或其他物体上生活的。足丝成分是一种蛋白质，坚固而又有韧性，所以用足丝固着的力量很大，人们要将它剥离附着物是很费力的，但是贻贝在用足丝固着以后，还可以牵制足丝，使身体在固着面上做小范围的活动。如果遇到环境变化，还能使足丝脱落，进行较大范围的活动，在新的适宜环境分泌新的足丝，重新固着。

经过多年与斑马贻贝的斗争，人们已经掌握了几种较为有效的方式来处理贻贝。氯水灭杀是最有效的方法，在其他化学品中，有一种称为"灭螺"的药剂也是比较有效的。不通过化学药剂灭杀的话，还可以选择电流、二氧化碳、紫外线、加热等方法，还可以使用过滤器限制斑马贻贝的生活范围。对于管道中的斑马贻贝，可以用脱水法使其干涸死亡，但这种治理方法需要花太多时间，而且如果没有一个备用管道可以使用的话也不可行。目前较为先进的是更换管道设施，使用斑马贻贝不喜欢接触的黄铜或镀锌金属作为原材料，但这同样也带来一个问题，就是价格昂贵。

在开放的湖泊和河流中，目前尚没有一个补救措施可以用来消除斑马贻贝的影响。使用化学品不可取，而抽干河流和湖泊的水更不现实。一个不得不承认的事实是，人们将永远无法将斑马贻贝完全从江河湖泊中清除，唯一能做的就是阻止它们从一个水体扩散到另一个水体。

▲贻贝

小船蛆："凿船者"

很久很久以前，我们就已经"名垂史册"了。原因是古希腊哲学家骂我们是一种可恨的小动物，是不好对付的麻烦。1502年，我们又与伟大的航海家哥伦布扯上了关系。这是他第四次航海，在途中，由于我们搞"破坏"（实属冤枉，我们只是找到了自己喜欢吃的"蛋糕"而已），他的船队不得不停在了加勒比海。如今，聪明的科学家已经找到了我们喜欢吃木头的秘密，正想以最环保的办法整治我们。往后的日子，要难过喽！

■ 蚕食木材为生

2000年夏天，美国缅因州的几个码头出现莫名其妙的坍塌。那些支撑码头的橡木桩有9米高、25厘米粗，可它们中的一些却断裂了。为了弄清坍塌的原因，生物学家来到码头进行调查，结果表明，坍塌是由于那些木桩中间被一种原产自新英格兰的船蛆吃空了。船蛆在拉丁语中的意思是"凿船者"。

船蛆青睐木材，以蚕食木材为生。遇难的木船、码头上的木桩、漂浮的木材是它们理想的居所。由于木材的种类不同，船蛆的个头差异很大，个头小的只有2～3厘米长，而大的则可以长到1米。船蛆的繁殖力超

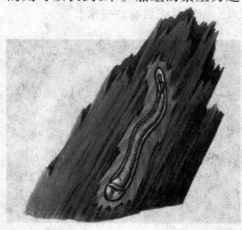

▲ 船蛆示意图

强，一次产卵几百万颗，多的可达1亿多颗。卵变成幼虫后，就随着海水到处游荡，一遇到木船或用木头做的东西，就尾随其后，伺机钻进木头中。它们把身体全都藏起来，只把身体末端两根很小的水管露出洞口，以便吸取食物，极为隐秘。一旦整条船或整根木桩被它们占领，便成了它们舒适的家和甜美的"蛋糕"，它们就在里边挖"通道"，造"居室"，生儿育女，直到木头被它们掏空为止。

船蛆是一种软体动物，它虽然叫蛆，但并不是由蝇产下的专门在腐败的物体上活动的蛆。船蛆和蛏子、蛤蜊这些披着硬壳的贝类是近亲，能在除两极地区以外的温暖海洋中存活。船蛆长着细长而富有弹性的身体，两个小壳附着在身体的后前方。相对壳来说，它们的身体非常长。例如，一种常见于北美水域的船蛆能长到60厘米，而它的壳只有13毫米。

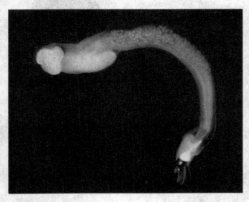

▲ 船蛆

别看船蛆的壳在身体上的尺寸微不足道，千万不要小瞧它，它可是威力无穷的工具。船蛆能够用它来探查水中的木头，它们在船底板中不停地伸伸缩缩，那两片小贝壳也不停地转动，壳上面的小细齿更是像锉刀一样，把木头慢慢磨掉，就像是电钻的"钻头"一样，这样就可以钻出很深的洞来。

■ 防治成本高

长久以来，水手们想尽办法对付船蛆，他们把各种各样的东西覆盖在船体上，包括焦油、沥青、牛皮、毛发、骨粉、胶水、苔藓和木炭等。他们还将船只放到淡水和冰水中浸泡，或者用火烧烤船只的木材表层，这两种办法的确有效，不过也有不足之处。淡水和寒冷可以杀灭船蛆，但需要较长的时间；火也能烧死它们，但同时也常常烧坏了船体。18世纪，英国海军找到了一个可靠的办法对付船蛆，他们将所有舰船的底部都包上了铜板，这是当时最有效的方法，但昂贵的费用则是可想而知的。直到19世纪，人们开始用铜合金代替铜板，昂贵的费用才在一定程度降了下来。

尽管人类海运的历史已经进入到了高科技时代，但船蛆依然在肆虐。由于这种小动物有惊人的好胃口，全世界每年花在维修木船和木制海洋设施上的费用就高达10亿美元。尤其是发展中国家，那里的渔民还在大量使用木制渔船，他们的防护办法传统而简单，一般是在船壳上涂上一层廉价的涂层，但在船蛆的进攻下，这种办法往往收效甚微。

今天，人们普遍采用化学方法对付船蛆，他们使用高压将化学制剂注入木材里，在海水中，这些化学物质会慢慢释放出来，它们不仅可以杀死船蛆，也可以防范其他对木材有害的动物。在美国，现在广泛使用的是两种制剂，人们统称为木材防腐剂—铜铬砷（CCA），其主要成分是木焦油、铬酸盐和砷酸铜，CCA的确保护了木材，但遗憾的是，这种制剂同时也污染了海洋水体。

■ 防治新前景

海洋生物学家丹尼尔·迪斯托尔发现了船蛆的一个秘密，这个秘密可

▲ 船蛆钻出的洞

以解释船蛆为什么如此青睐木材。这位科学家在船蛆的鳃中发现了一种奇特的细菌，这种细菌分泌出一种酶，正是这种酶使船蛆拥有了在木材中生存的高超本领，因为它们可以消化木材了。在所有海洋动物中，这可是绝无仅有的。

木材的主要成分是纤维素，是一种糖分子聚合体，隐含着丰富的营养物质，不过绝大多数动物并不能消化木材，因为它们的身体中缺乏一种物质：纤维素酶。只有这种酶可以打开木材中紧锁在一起的糖分子，这是动物们享受木材中营养物质的基本条件。由于船蛆身上的那种细菌分泌纤维素酶，因此它们有消化木材的超凡本领，木材对它们便无异于美味的蛋糕了。

在船蛆身上找到纤维素酶是一个意义重大的发现，科学家们据此可以找到一种控制船蛆的有效方法，同时还不污染环境。迪斯托尔和他的同事们正在寻找一种方法破坏船蛆和那种细菌的共生关系。假若做到了这一点，船蛆便失去了纤维素酶，它们就再也无法依靠木材生存，人们也就用不着再使用污染海洋环境的化学方法来防治船蛆了。

海笋：钻"石"为家

有句俗话叫"千里之堤，溃于蚁穴"，其实，千里之堤，也可以溃于海笋。为什么这么说呢？因为我们生来就是钻"石"能手，倘若没有石头来钻，我们就永远都是小婴儿，长不大，过着在海水中四处流浪的悲苦生活。对于"家"的强烈渴望，敦促我们每见到一块石头，就赶快钻一个"家"，然后一辈子"宅"在家里过舒服的小日子。

■ 凿洞"穴居"

海笋，俗称"凿石贝""穿石贝"，体长只不过几厘米，体形像鸡蛋，只是前端稍微扁些，两个贝壳，看上去像一个冬笋，海笋名称由此而来。海笋身体末端有两个水管，不过它的这两个水管，除了末端很小的部分分开以外，其余的部分都是彼此愈合在一起的，所以从外表看好像只有一个水管。它的水管很长，在伸展的时候大约

与贝壳的长度相仿。在平时，海笋把水管伸到岩石洞口，从入水管吸收新鲜海水和食料，从排水管排出排泄物或生殖细胞。它的水管末端生有恰好与岩石颜色相同的色素斑点，所以别

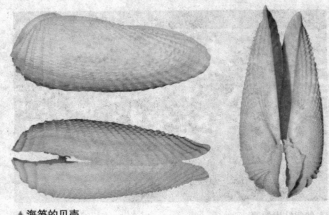

▲海笋的贝壳

的动物不容易发现它。这是一种很好的保护色。

海笋种类很多，有的在泥沙滩上掘洞穴居，有的在岩石里凿洞居住。其中有一种叫"吉村马特海笋"，便是凿洞能手。坚硬的岩石经它凿成洞后，表面看上去不过是些小孔穴，可在石头里面却成了蜂窝状的窟窿。如果这种情况发生在千里海堤的岩石上，那就会带来不堪设想的后果。在我国天津新港的外围，有两道用石头筑成的长长大堤，没隔几年就发现蜂窝状的外表里面变成了一个个椭圆形的洞穴，里面藏满了活的海笋，幸亏及时采取措施，才保住了大堤。类似的事例在国外也有发生，由于人们当初对它并不了解，以致曾经造成长堤崩溃的悲剧发生。

吉村马特海笋体长不过2～3厘米，把坚硬的石头凿成洞后，一生就在里面以啃食石头为生。这种海笋非钻石头不可，一旦让它们离开石头，即使在海中放入足够而良好的食料，它们也会因钻不到石头而萎缩起来，这种习性是与生俱来的。吉村马特海笋的卵和精子会在海水里相遇而受精，受精卵发育成幼虫后，这些幼虫遇到岩石便开始钻入，短期内即可发育成长，如果此时没有岩石可钻，它们就会始终停留在幼虫阶段，过着游泳生活，可见没有岩石，这种吉村马

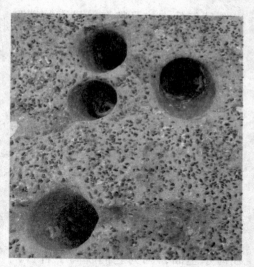

▲ 海笋挖掘形成的洞

特海笋便根本无法成长了。一旦它们钻进岩石，从此便不再从岩石里钻出来。

■ 机械凿石法

海笋是怎样钻凿岩石的呢？很早以前人们就在关注这个问题了，可是因为这种动物是在岩石里面生活，它的活动情形很不容易观察，所以很难肯定它到底是怎样钻凿岩石的。有人认为它是用机械的方法，也就是用足和贝壳钻磨岩石的；也有人认为它是用化学的方法，也就是由足部分泌一种酸性液体侵蚀岩石的；还有人认为它是两种方法共用来钻凿岩石的。大多数学者同意第一种说法，海笋用机械的方法挖凿岩石，这可以从它的生长过程得到证明。

幼年的吉村马特海笋贝壳前端腹面不封闭，有锋利的小齿，足露在外面；而成年的个体则是足部萎缩，并且为石灰质的薄片所包盖，贝壳前端锋利的小齿也完全与新生的石灰质薄片相愈合。幼年个体与成年个体形态的不同，正好说明海笋幼年时一边生长，一边用齿和足配合着凿石，而成年以后不再凿石了，齿不锋利了，足也被包裹起来。

从岩石里剥出来的个体，培养在海水里面，因为它们脱离了岩石，根本得不到钻石的机会，即使没有达到成年的个体，足也会渐渐萎缩，贝壳前端腹面也会逐渐封闭起来，也证明了足和贝壳对海笋挖凿岩石的重要性。实验证明海笋是用足吸附在岩石表面，旋转贝壳，利用贝壳前端的锋利小齿把岩石逐渐锉掉的。

如何防治海笋对于海边建筑物的侵害，这是人们一直以来所关注的问题。根据调查，海笋并不能破坏所有的岩石，它们绝大部分都生活在石灰石里面，在花岗岩中从来没有发现过它们的踪迹。这一发现给人们提供了防治新思路。在大海中巨大的建筑物上施用药品防治海笋危害，可能性不大。那么在海中建筑码头或防波堤上，避免用石灰石，而采用花岗石，就可以防止海笋的危害。此外，人们还用减低港口海水含盐量的办法来防治海笋。例如吉村马特海笋，虽然它的成体对低盐度的海水抵抗力很大，可是，它的幼虫对低盐度海水的适应能力却很差。可以使港口的海水含盐量低到能使它的幼虫致死的程度，所谓"斩草要除根"——将海笋扼杀在摇篮里。

藤壶："黏性十足"

我们的吸附力极强，一旦选定了一个"家园"，就很少再迁徙。因此，当我们选择船舶作为"固定家园"的时候，人类就老大不高兴，非要将我们清除不可。因为成千上万的兄弟姐妹聚在一起，会阻碍大船的航行速度。目前，又环保又持久的新科技和涂料正在研发当中。估计，我们的好日子没多久了。

■强力附着

藤壶是一种小的咸水动物，藤壶的身体被包在钙质壳里，壳的形状就像座小火山，直径有5～50毫米。全世界有超过1000种藤壶。小藤壶由卵孵出，长成类似小螃蟹能够自由游泳的幼体，但成体却既不游泳，也不爬行。小藤壶每蜕一次皮，就分泌出一种黏性的藤壶初生胶，这种胶含有多种生化成分和极强的黏合力，从而保证了它们极强的吸附能力，把自己粘在合适的地方，慢慢变成啫喱状小石头大小的生物，然后它们分泌出黄色、红色、紫色或棕色的碳酸钙（石灰石），从此开始附生生活。它们成群地附着在岸边潮间带的礁石上，密密麻麻，往往使那里成为白花花的一片。既然过着固定不动的生活，其捕食方式就必须适应这种特殊的生活方式。

藤壶都有一个由许多小骨片所形成的活动壳盖，当水流经过孔部时，壳盖会打开，藤壶的腿像触须一样刺出外壳顶端。腿的顶端是触毛，毛状附肢把浮游生物和其他食物扫进嘴里。捕食后壳盖会马上紧紧地闭合起来，以防止体内的水分流失，同时也防止遭到其他生物的侵扰。虽然藤壶有坚硬的外壳保护，但时常也会成为海星、海螺和海鸥的食物。

附着在潮间带的藤壶，必须适应

▲ 藤壶

每天潮涨潮落的不同生活条件，涨潮时浸在水里，它可以正常生活；而退潮以后，它就被暴露在空气里。空气比海水的温度变化大，冬有严寒，夏有酷暑，日有曝晒，夜有风雨。在困难时期，藤壶把壳紧闭，只留一个极小的孔，等待潮水的再次到来。有些藤壶能忍受较长时间暴露于水外的不利条件，生命力极强。如美洲产的一种藤壶在水外6周还安然无恙。

藤壶的附着对象并不是统一固定的，无论是什么硬物的表面，海岸的岩礁、码头、船底等，甚至是鲸鱼、海龟、龙虾、螃蟹的体表都可成为它们的附着对象。也正是因为它那坚硬且附着力强的外壳，常会给岸边的戏水者造成伤害。

■ 船舶的大麻烦

藤壶对人类而言是一种"污损生物"，当它们附着在船体上，会增加船与水体之间的摩擦从而降低了船速，而且任凭风吹浪打也冲刷不掉。人类几乎无法将其从附着物上拔起，必须依靠凿子类的硬金属才能将它敲下来。这对于在海水中航行的船只是极大的困扰与负担，全球每年在清除藤壶上都得耗费极庞大的人力及资金。

美国海军学院每年由于治理藤壶造成的船体拖曳会增加海军2.5亿美元的石油消耗。上千年来，铜制品一直被用来隔离海洋生物，正是因为这个原因希腊人与罗马人使用了铜钉。海军也将铜粉搅拌进船漆中使用。但是随着油漆的磨损，铜渗透到海水中，会危害海洋生物。同时随着油漆变薄，藤壶将重新附着到船体上。

目前，科学家发现美托咪定可以使藤壶逃离，这种化学物质可以激活藤壶幼虫体内的章鱼胺受体（类似于肾上腺素感觉器官）。瑞典哥德堡大学研究人员将美托咪定掺入船漆中，发现很多的藤壶会被吓跑，使得船体保持原样。但高剂量的美托咪定会使鱼鳞的颜色变淡，从而让它们更容易受到食肉动物的攻击。因此研究人员使用一种有机玻璃小胶囊装满美托咪定，这种小胶囊可以确保化学物质缓慢地释放，保证它的作用力更持久并且可以对环境的破坏降到最低。防止藤壶附生的各种科技及涂料仍在不断的研发当中。

柴虫：木头就是安乐窝

别看我们是个白胖子，没有明显的手脚，就以为我们软弱可欺。其实，我们的上颚厉害着呢。要问有多厉害？瞧瞧我们的名字就知道了，绝对名不虚传！我们对果树的偏好，一度让农业科学工作者也没办法。后来，我们将一位农民精心培育的果树给钻死了，这可捅了马蜂窝。因为他为了给自己的果树报仇，想到了一种专门对付我们的生物办法。

■吃住都在木头里

很多住在乡下的居民都上山去砍树，或者自己家种树，请来木匠师傅制作桌椅、门窗等家具，木匠师傅用锯子、斧子、刨子把原木制作成家具，没有经过高温消毒等加工工序，这些原木里如果生活着虫子，做成家具后，虫子依然生活在木头里，它们啃吃木头的时候，家具里便传出"沙沙——嚓嚓——"的声音。人们听见声音，就咳嗽几声，或者发出点巨响，声音便会消失，而过一会儿又响起来。

说起柴虫，熟悉的人肯定不多。

提到天牛，大家应该就很熟悉了。其实，柴虫就是天牛的幼虫。一般大家多称它们作柴虫，顾名思义，就是吃木柴的虫子。从山上砍回来的新鲜木柴，堆在空地上，要是里面有柴虫生活，往往就会发出虫子啃吃木头的声音。人的牙齿咬不动坚硬的木头，更别说吃木头为生了，但对于这软绵绵没有骨头的柴虫而言，硬邦邦的木头却是填肚子的口中美味，而且还在木头当中啃咬成了一条又一条的"通道"，从此吃住无忧。

■灭柴虫新招

"柴虫"又名"木花"，长约

▲柴虫吃够了木头，到了一定虫龄就蜕皮化蛹，最后成为天牛。

治方法。这位农民精心培育的果树被柴虫钻死了。他从果树里砍出60多条天牛幼虫放在地上，一会儿蚂蚁蜂拥而至，咬得它们在地上打滚。这给这位农民以启发：

2厘米，两头呈锥形，软绵绵、肉乎乎的，身体为乳白色，有红色小斑点儿，一节一节的，像一只分节的大蛆，看不到明显的脚。大的柴虫有人手指那么粗长。一般在温带亚热带地区生活，寄生于各种落叶乔木树干内部，以啃食木头为生，多见于栎树的根部。

果树受柴虫危害一直是果农们头痛的问题。柴虫善于在果树体内打斜洞、弯洞，并且会在果树体内钻很多虫洞，往洞里灌农药，洞多且弯，灌不到洞的深处，通常柴虫闻到农药味就逃到别的洞里去了。

为了对付这些果树破坏"专家"，农业科学工作者和农民们可是想了不少办法，可一直未有一个很奏效的办法。后来还是沂蒙山区平邑县的一位农民找到了一个很好的生物防

蚂蚁对天牛幼虫有偏食性。又有一次，这位农民在家里做饭，不小心把花生油洒在地上，一会儿成群结队的蚂蚁爬来吸食洒在地里的花生油。这让农民眼前一亮，既然蚂蚁喜欢花生油和柴虫，何不把花生油打在柴虫洞里引蚂蚁入洞杀死它们呢？于是，他买来注射器，把花生油注入虫洞里。第二天，他赶去果园一看，花生油把成群的蚂蚁吸引到树干上，并爬入洞内，花生油成了诱饵，也使蚂蚁找到美味的柴虫。

一个月之后，果园里的果树上的虫眼干了，树叶绿了；一年之后，树上的虫眼被树皮包到里边去，果树焕发了生机。一斤花生油能消除20亩地的果树柴虫危害，这办法实用又实惠。目前，花生油治柴虫这种生物杀虫法已在很多地方得到推广。